南京农业大学"园艺经典"系列丛书

中国蔬菜传统文化
科技集锦

王 化 郭培华◎著

科学出版社

北 京

内 容 简 介

弘扬中国魂。浅析中国蔬菜传统文化，简介中国传统蔬菜生产科技、蔬菜食用及保健之道。本册中科技内容之重点为蔬菜种质资源及蔬菜保健功能。文化内容主要探讨中国蔬菜文化内涵之蕴藏，包括蔬菜释义、蔬菜文化史、唐宋诗咏蔬菜之精华等。本册内容古今结合，古为今用。全书分为上、下两篇，上篇内容重点为中国古代蔬菜传统文化及蔬菜生产科技。下篇内容重点为蔬菜食用、营养及保健功能，并简介当代有关科技报道。书中有一些内容是前所未有，可以填补历史空白。例如，荇菜之兴灭历史、诸葛菜之详情、现代关于蔬菜营养保健独特之见解等。书中所收集资料广泛，不仅引用大量古诗文典故，亦有一些现代关于蔬菜营养保健等知识。

本书可作为蔬菜专业人员之参考书或工具书，亦可供一般民众日常生活之阅读，或用于学习传统文化；可以广开思路，丰富知识，并有益于保健。

图书在版编目（CIP）数据

中国蔬菜传统文化科技集锦／王化，郭培华著．—北京：科学出版社，2016.3

（南京农业大学"园艺经典"系列丛书）

ISBN 978-7-03-047479-7

Ⅰ.①中… Ⅱ.①王… ②郭… Ⅲ.①蔬菜园艺-中国 Ⅳ.①S63

中国版本图书馆CIP数据核字（2016）第043754号

责任编辑：吴美丽／责任校对：郑金红
责任印制：徐晓晨／封面设计：铭轩堂

科学出版社 出版
北京东黄城根北街 16 号
邮政编码：100717
http://www.sciencep.com

北京凌奇印刷有限责任公司 印刷
科学出版社发行 各地新华书店经销
*

2016年3月第 一 版 开本：720×1000 B5
2019年1月第三次印刷 印张：11
字数：222 000

定价：39.80 元
（如有印装质量问题，我社负责调换）

序　言

　　南京农业大学园艺学院是我国最早设立的高级园艺人才培养机构，其历史可追溯到原国立中央大学园艺系（1921 年）和原金陵大学园艺系（1927 年）。著名老一辈园艺学家吴耕民、胡昌炽、曾勉、毛宗良、章文才、章守玉、熊同和、李曙轩、李家文、沈隽等均曾执教或就读于此。园艺学院毕业生遍布于国内外，为开拓和发展我国园艺教育与科技事业做出了巨大贡献。

　　百年沧桑，薪火相传。一代代园艺教师在园艺科学领域辛勤探索，一批批园艺学子扎根于园艺沃土传承开拓。累累硕果凝聚着南农园艺人的辛勤和智慧，是园艺学院百年办学所积累的宝贵财富。在实现世界一流农业大学建设目标的"1538 行动计划"中，为了弘扬"勤于园、精于艺、厚于德、勇于新"的园艺精神，学院党政联席会决定支持出版我院校友或退休教师的优秀原创学术作品，冠名为"园艺经典"。希望通过"园艺经典"系列学术作品的出版，让教学、科研成果、园艺精神得以传承和发扬光大，进一步推动我院各项事业更好更快发展。

　　"园艺经典"由园艺学院可持续发展咨询委员会负责作品遴选，科学出版社不定期出版。本书作为系列出版物的首部学术作品，来自园艺学院 1947 届校友、国内著名蔬菜学家、已有 93 岁高龄的上海农科院研究员王化老先生撰写的《中国传统蔬菜文化科技集锦》。该书是中国蔬菜科技文化的珍贵作品。随着本书的问世，我们期待着来自南京农业大学园艺前辈们更多的优秀作品。

　　该书出版得到南京农业大学校友会的大力支持，在此表示衷心感谢！

南京农业大学园艺学院校友分会

2015 年 12 月 28 日

前　言

　　1937年抗日战争军兴，国破家散，烽火遍野，杭州沦陷。余弱冠辍学。避难乡间数载。后离沪沦陷区，艰苦跋涉，历时数月，抵达是时之陪都重庆。灾难之际，目睹吾国农村之贫苦，农业之重要；余乃有志于学农、兴农矣。

　　1943年于重庆。余以同等学历录于当时之最高学府——国立中央大学农学院园艺系。乃承名师曾勉、毛宗良辈之启迪，习园艺学科。此时战火方酣，莘莘学子筚路蓝缕，时或饥寒交迫；唯穷且益坚，艰苦攻读不懈。

　　1945年抗战告捷。1946年余随校迁返金陵，次年卒业。

　　20世纪50年代始期，建国方兴，城市郊区蔬菜生产至关国计民生。余供职于北京、南京、陕西、上海诸省市之农业科技机构，致力于蔬菜科技研究，深入农村实践，开启现代科技蔬菜栽培之研究。乃深谙吾国蔬菜种类之繁多，栽培技术精耕细作、丰富多彩。惜余忙于事务，逾四十载倥偬逝去矣。

　　余退休淞沪之滨后，乃得潜心学习唐诗及古文，切磋琢磨，风雨十余载。方悟祖国蔬菜传统文化内涵蕴藏甚深且广，"莼鲈之思"乃其一例。惜此文化蕴藏珍品乏人发掘与整理，诚可憾也。

　　余虽无才，垂暮老叟；唯窃思"天下兴亡，匹夫有责""老骥伏枥，志在千里"；且为扬国魂、为揭示祖国蔬菜优秀传统文化之蕴藏效劳；虽仅能略尽微力，义不容辞；亦不负母校先师辈培育之恩。余乃抖擞精神，撰此书矣。

　　唯古典学海深渊，余学识肤浅，力不从心。幸承培华吟长热衷园艺，精通古诗文，躬亲指引，拨冗撰稿；集思广益，此书乃得如愿撰成。隆情盛谊，诚可佩也。（鉴于现代生态环境劣变等，慢性疾病等频发，本册末端一章内容为现代关于蔬菜营养及保健之研究。）

　　母校南京农业大学园艺学院党委书记陈劲枫教授，历来垂注祖国蔬菜传统文化，承蒙鼎力赐助，刘丹老师热忱效劳，出版此册，衷心铭感。

　　此书复承商亚南教授审稿，王书霞、汪安诸君协助稿件整理等，于此一并致谢。

　　余以此书敬献母校，亦可谓"叶落归根"矣。

　　余无才能，此书目的亦为抛砖引玉，其内容难免有不足之处，尚祈读者指正为祷。

王　化

2015 年 2 月

目　录

下　　篇

上篇

第一章

中国蔬菜的名称

中国蔬菜的种类较多，蔬菜的名称也较多。中国有悠久的历史与文化，这些当然会反映于蔬菜的名称。

第一节　蔬菜名称概述

国以民为本，民以食为天，食以绿为贵。蔬菜是人们重要的副食品。中国人历来很重视蔬菜，食用蔬菜的历史悠久，它反映于"蔬菜"两个字的起源。据《说文》注："蔬，菜也。"就是说"蔬"和"菜"的字义相同。《尔雅》注："凡草采可食者，通名为蔬。"又："谷以养民，菜以佐食。"所以"蔬菜"就是采之可供作副食品的植物（主要是指草本植物）。

虽然现代"蔬菜"两字常常并用，但实际应用时，两者的字义略有区别。"蔬"通常是多种蔬菜的总称，且常两个字并用，例如，果蔬、珍蔬等；而"菜"是指某种蔬菜，例如，白菜、萝卜，又引用于餐桌上的菜肴（"例如，小菜"）。

中国蔬菜的命名有其用意，也涉及文字的起源。研究中国蔬菜的文化首先应研究蔬菜的名称。中国蔬菜的命名一般采用以下的方式。

（1）象形：中国古代文字的起源，首先是象形。所以一个字可以描绘出一种菜的形态。最明显的例子是韭菜。"韭"字是地面上长出一丛草状，下面一横表示地面，上面部分画出韭菜叶丛的生长状态。

韭的发音为"久"，表示它种下以后，可以收获多年。这又体现文字中的"形"、"声"并现。

（2）会意：以菜名表达该种蔬菜的特性。例如，白菜古名"菘"。为什么称为菘？因为（白菜）"有松之操，故曰菘"。

又例如，大家爱吃的"雪菜"，全名是"雪里蕻"（蕻：音哄）。据《辞海》："蕻、茂也。"……《广群芳谱》引《野菜笺》："四明（注：浙江宁波四明山）有菜，名雪里蕻，雪深，诸菜冻损，此菜独存。雪里蕻之得名，以此"。可见雪里蕻的名称，是因为它的耐寒力强，越冬期间生长茂盛。

现在还有些书籍中，把雪里蕻称为"雪里红"，这是错误的。但由此也应该认识到，正确理解和书写蔬菜名称的重要性。

（3）释义：即蔬菜的名称可以解释这种蔬菜食用部分的结构等。例如，百合，其食用的部分为地下鳞茎，它是由多数肉质状的鳞片抱合而成。《尔雅·翼》载：百合"数十片相累，状如莲花，故名百合，言百片合成也。"

（4）表示引进的蔬菜：中国有一些蔬菜是古代从外国引进的，尤其是从西域经"丝绸之路"引进的；所以在这些蔬菜名称的前面加"西"或"胡"字。例如，西瓜、胡萝卜、胡瓜（黄瓜）等。俗名有西红柿、西兰花（青花菜）及西洋菜（豆瓣菜）等。

此外，番茄、洋葱都表示是从外国引进的蔬菜。

（5）避讳：古代的菜名须避皇帝讳。例如，据《拾遗录》载："胡瓜于大业四年避讳改名黄瓜。"又如山药，原名薯蓣，因唐代宗名蓣，改为薯药，又因宋英宗讳薯，改名为山药。

（6）纪念名人：中国历史上唯一的例子——诸葛菜（芜青、蔓菁）。蜀人纪念三国历史名人诸葛亮，将芜青改名为诸葛菜（详见第二章第三节）。

第二节　同一种菜的不同名称

　　中国蔬菜的种类较多，它们开始出现时代的早、晚差异很大，加之我国疆域辽阔，所以在不同的地区、学科、著作中，同一种菜会有不同的名称。"一菜多名"常会带来生活、生产、学习上的困难。所以正确了解或应用蔬菜的名称是必要的。

　　同一种蔬菜，会有下列四类的名称：第一，菜名即"正名"或"学名"（后者是蔬菜园艺学上应用的名称。第二，别名，在不同专业、不同著作中通用的名称。例如，丝瓜的别名为天络、天罗，后者是中医药中用的名称。第三，古名，中国古代的蔬菜名称和现代的名称差异很大。同一种菜的古名也会有几个。第四，地方名（俗名），是当地方言上用的名称，同一种菜各地方言中的名称更多，差异也更大。

　　正如上述，蔬菜的命名有其内涵意义，如果能了解蔬菜名称的字义，这更有利于了解这种蔬菜的特性等。

第三节　部分传统蔬菜名称释义

　　(1) 白菜　学名：不结球白菜　古名：菘

　　　　　大白菜　学名：结球白菜　古名：菘

　　宋、陆佃《埤雅》："菘性凌冬晚凋，四时常见，有松之操，故曰菘。"顾名思义，可知白菜和大白菜是比较耐寒的蔬菜。一直到近代，崇明等地区还称白菜为菘，当地农村中有黄鸟菘、黑鸟菘等白菜品种。现代日本的白菜中，也有称为"小松菜"的品种。

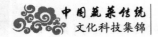

（2）芥菜 古名：芥

芥菜类的变种较多，其名称和地方名也多：①叶用芥菜（甲）大叶芥菜，（乙）细叶芥菜；②茎用芥菜（榨菜）；③根用芥菜；④苔用芥菜。

芥菜是中国古老的叶菜类，它的食用与栽培历史比白菜更早。《广群芳谱》载芥菜："其气味辛辣，有介然之义"，所以称为芥菜。《礼记·内则》载："鱼脍芥酱。"

（3）荠菜 古名：荠

《本草纲目》载："荠生济济，故谓之荠。"济济，众多也，因荠菜丛生田野，故名。

（4）菠菜 古名：菠薐草

菠菜原产伊朗（昔名波斯）。汉时传入中国，故有菠薐之称。《嘉裕录》（公元621～649年）载："菠菜由西国（波斯）传入中国"。《唐会要》载："唐太宗贞观二年（公元647年）尼波罗（尼泊尔）国献菠薐草。"

（5）茼蒿 古名：蒿、同蒿

据《盛京通志》："《本草》谓'形气同蒿，故名'"。《畿辅通志》："茼蒿形气似蓬蒿，故名。"所以历代同蒿久称"同蒿"。又因为它可以多次采摘嫩尖供食，能继续生长，所以有的地方称它为"无尽菜"。

（6）葱 古名：茖（音革）山葱；别名：分葱、丝葱等

《尔雅·释草》："茖、山葱"。《说文》："茖，草也，葱之生于山中者。"《齐民要术》引《广志》云："葱有冬、春两种，有胡葱、大葱、山葱。"又引崔寔《四民月令》云："二月别小葱，六月别大葱。夏葱曰小，冬葱曰大"。

中国葱的种类及品种较多，大致说，北方以大葱为主，南方以小葱（分葱、丝葱）为主。古代葱的食用方法，《礼记·内则》载："脍，春用葱，秋用芥"。

（7）藠头 别名：薤

《说文》："薤、草也、形似韭。"《礼记、内则》："脂用葱，膏用薤。"意思是：油腻的食物加入葱，不大油的加入薤。薤的鳞茎瓣略似大蒜瓣，爽口，专供

腌渍用。我国南部自古栽培，山地有野生的。

（8）韭菜　古名：韭、韮

据《说文》："韭"字为象形，已于上述。《尔雅》载："一种而久者谓之韭。"因种一次韭，可多年采收。《诗经》载："四之日蚤，献羔祭韭。"古代以韭菜供祭祖用。

（9）莴苣笋　学名：茎用莴苣　古名：呙菜、呙苣、千金菜

菜名释义参见第三章第三节。

（10）蚕豆　古名：胡豆

《本草纲目》云："豆状如老蚕，故名。"《王祯农书》谓其蚕时始熟，故名（养蚕时才成熟）。

（11）豌豆　别名：寒豆　古名：踠豆、胡豆　地方名：其中有"荷兰豆"（指食嫩荚的品种）

据《本草纲目》云：豌豆"其苗柔弱宛宛，故得豌名。"又云：汉"张骞使外国得胡豆种。"李时珍曰："胡豆、豌豆也。……种出胡戎。"一说张骞自大宛国携归，故曰豌豆。

（12）西瓜　古名：寒瓜

据《广群芳谱》载："旧传，种来自西域，故名西瓜。"今浙江南部仍有称西瓜为"寒瓜"的。

（13）丝瓜　别名：天罗、天络　古名：水瓜、蛮瓜、布瓜

据《泉州府志》载："丝瓜老则其中有丝，故名"。

（14）笋　别名：竹笋　古名：筍，篛（小竹的笋）

《说文》："筍、竹胎也。篛：竹萌也。"故"笋是竹刚出土的嫩茎（芽），可作菜用。"古名为筍，其字义即："旬内为筍，旬外为竹。"字义指出竹笋出土生长很快。我国竹的种类很多，且自上古就开始食用竹笋。古代将笋用作菹，《周礼·天官下》载："筍菹鱼醢。"

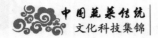

（15）姜 古名：薑

《说文》："姜，御湿之菜也。"《论语》载："不撤薑食。"

（16）百合 别名：夜合、中逢花 古名：蒜脑薯、重逢等

（作者注：百合的花于夜间闭合，所以别名"夜合"。百合花夜间闭合，至白天又开花，有再见面之意，故古名"重逢"。"重逢"与"中逢"发音相同，所以百合的别名为中逢花。）

（17）草石蚕 别名：甘露几

"草根之似蚕者"，故名草石蚕。为唇形科的宿根草本植物。其食用部分为小型球茎（似蚕蛹状），用于腌制酱菜。

（18）菱 古名：芰、薢

《说文》："薢，芰也。楚谓之芰"。据《本草纲目》载："其叶支散，故字从芰，其角稜峭，故谓之薢。"《武陵记》："两角者薢，三角者芰。"《楚辞·离骚》载："制芰荷以为衣兮。"

（19）茭白 古名：菰、菰首、蘧蔬、蒋草、雕胡（指其种子）等

因其根部交结，故称茭。供食用的嫩茎洁白，故名白。《尔雅》载："出隧，蘧蔬。"郭注："蘧蔬（指茭白），似土菌，生茭草中……"《礼记》载："鱼宜苽"（意即茭白宜炒鱼片食用）。《齐民要术》引"广志"云："菰可食，生南方。"

第四节　蔬菜地方名称对照表

中国不同地区蔬菜地方名（俗名）的差异很大，往往给人们的生活与学习带来困难。为此，下面列出蔬菜地方名对照表（表1-1），以供查阅参考。

表1-1 蔬菜地方名称对照表

编号	菜名（学名）	别名	常用地方名
1	甘蓝	结球甘蓝	卷心菜(上海)、包心菜(南京)、洋白菜(华北)、莲花白(西北)
2	花椰菜		菜花(华北、西北)、花菜(上海)
3	茎椰菜	青花菜	绿菜花、绿花菜(华北)、西兰花(广东)
4	结球白菜	大白菜	包心白菜(江南)、黄芽菜、胶菜(上海)
5	不结球白菜	白菜	白菜(南京等)、青菜、常菜、白菜(上海)、菘(崇明)、油菜(北京)
6	塌棵菜		塌菜(上海)
7	芥菜	叶用芥菜	春菜(浙江)、青菜(四川)、辣菜
8	雪里蕻(音哄)	腌渍用	雪菜(上海)、雪里蕻
9	茎用芥菜	榨菜	榨菜
10	根用芥菜		大头菜(江南)、芥疙瘩(华北)
11	苔用芥菜		天菜
12	叶用莴苣	结球莴苣	生菜、莱莴苣、莴苣
13	茎用莴苣	莴苣笋	香莴笋(上海)、莴笋、笋子(四川)、莴仔菜(广东)
14	茼蒿		蒿菜、蓬蒿、蒿子杆
15	荠菜		香荠、上巳菜、护生草等
16	菠菜	菠薐	红根菜、鹦鹉菜、珊瑚菜等
17	苋菜	苋	米苋(上海)、人苋(西北)
18	蕹菜	甕菜	空心菜(上海)、藤菜(江西)、竹叶菜
19	落葵	承露	木耳菜(北京)、紫果叶(上海)、胭脂菜
20	芫荽	胡荽	香菜
21	叶荟菜	叶用甜菜	莙达菜、牛皮菜、厚皮菜
22	金花菜	菜苜蓿	草头(上海)、黄花草子(浙江)
23	番杏		洋菠菜
24	南瓜	美州南瓜、印度南瓜	西葫芦、搅瓜
25	南瓜	中国南瓜	饭瓜、番瓜、倭瓜
26	蒲瓜	扁蒲、瓠	蒲子、瓠子、葫芦(华北)、夜开花(上海)
27	苦瓜	锦荔枝	红姑娘、瘤瓜、凉瓜
28	佛手瓜	菜肴梨	拳头瓜(四川)、洋丝瓜(云南)、梨瓜(台湾)

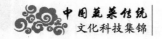

编号	菜名（学名）	别名	常用地方名
29	蛇瓜	长括搂	蛇丝瓜、龙角豆
30	菜瓜	腌渍用	生瓜、酱瓜
31	越瓜		梢瓜、酥瓜
32	菜用大豆		毛豆(江南)
33	豇豆		长豇豆(江南)、豆角(华北)、带豆、菜豆
34	菜豆		四季豆(江南)、刀豆(上海)、芸豆(华北)
35	豌豆	寒豆	小寒豆(上海)、四回豆、麦豆等
36	蚕豆		罗汉豆(浙江)、佛豆、仙豆
37	扁豆	鹊豆、藊豆	蛾眉豆、沿篱豆、肉豆
38	莱豆		白扁豆、洋扁豆(上海)、荷包豆(云南)、白豆、棉豆
39	番茄		西红柿(华北)、番柿、洋柿子
40	茄子	茄	落苏（江南）
41	辣椒	甜椒(指不辣大果型品种)	海椒(四川)、辣茄(浙江)、青椒、菜椒、番椒
42	胡萝卜		金笋(广东)、红萝卜(上海)
43	芜菁甘蓝		洋大头菜(上海)、洋蔓菁、洋疙瘩
44	美洲防风		芹菜萝卜(上海)、蒲芹萝卜
45	根恭菜	根用甜菜	红菜头、火焰菜
46	牛蒡		东洋萝卜(上海)
47	草石蚕	甘露儿（腌渍用）	螺蛳菜、地蚕、宝塔菜、石蚕
48	洋葱		葱头
49	韭葱		扁叶葱(北京)、洋大蒜、洋蒜苗(四川)
50	藠（音焦头）	薤（音该）腌渍用	茭头、藠子
51	马铃薯		土豆(华北)、洋山芋(上海)、洋芋艿(浙江)
52	百合	夜合、中逢花	蒜脑薯、玉手炉等
53	山药	薯蓣	家山药、白苕、脚板苕、山薯等
54	黄秋葵	秋葵	羊角豆(上海)
55	菊芋		地生姜、洋姜(上海)
56	菜用土栾儿	食用土栾儿	香芋(崇明、江苏)

续表

编号	菜名（学名）	别名	常用地方名
57	芜菁	蔓菁、葑、诸葛菜	窝儿蔓、园根等
58	豆薯	凉薯	地瓜(四川)、沙葛
59	魔芋	蒟蒻	磨芋(四川)、蛇头草(四川)
60	葛		粉葛
61	芦笋	石刁柏	龙须菜(华北)、芦笋（上海）
62	黄花菜	萱草	金针菜（干制品）
63	朝鲜蓟		洋百合、荷包百合
64	香芹菜	旱芹	荷兰芹(上海)、洋芫荽
65	襄荷	襄草	甘露子、嘉草
以下为水生蔬菜			
66	茭白	菰	茭笋、茭白笋、茭瓜
67	莼菜	蓴	水荷叶、马蹄草、水葵、浮菜、露葵
68	豆瓣菜	水蔊菜	水芥菜、水田芥、西洋菜(上海)
69	荸荠		地栗、马蹄
70	慈姑	慈菰	剪刀草、燕尾草
71	菱	芰、薐	菱角、龙角、水栗
72	芡实	芡	鸡头
以下为野生蔬菜			
73	蒌蒿	水生蔬菜	芦蒿、藜蒿、水蒿
74	蕨		蕨菜、龙头菜、蕨苔、鹿蕨菜
75	蕺菜		鱼腥草、鱼鳞草、侧耳根、臭菜
76	野苕子		大巢菜、野豌豆

第二章

中国历代食用的蔬菜种类

第一节 上古时期食用的蔬菜种类

（一）概述

本文所指的时期，是上古时期的后期，大约从公元前 1000 年到公元前，前后 1000 年左右。或由西周初期到西汉平帝时，如果按现代计算，即距今 3000 年以前到距今 2000 年以前，先后 1000 年期间，我们的祖先食用哪些蔬菜呢？

上述时期我们的祖先主要聚居于黄河中下游地区。据考证，那时期食用的蔬菜种类如下：

瓜、瓠、芋、菽（大豆）、韭、葱、蒜、薤、葵、芜青（葑、芜菁）、笋（笋）、薑（姜）、荇（荇菜）、莼（莼菜）、菱、荷、茭白、荸荠、蒲、芹（水芹）；以及蘆菔（萝卜）、苋、荠、芥、蕨、蒿、卷耳、蘘荷、薇、堇、荽、藜、藻、蘋、菖蒲、蓼。（注：上述资料主要参考西北农学院石声汉教授著作。）

根据以上资料，可见我国上古后期经常食用的蔬菜种类大约有 20 种，很少食用的有十余种。但应说明，到这个时代的后期，食用的蔬菜种类才逐渐增多。

　　上述的蔬菜种类多数是我国原产。当时以食用野菜为主，到这时代的后期，大约有 15 种蔬菜逐步实行人工栽培。（上述前面的 15 种。）

　　关于蔬菜的类别，当时蔬菜食用的以多年生植物较多，没有生长期短的绿叶菜类（如小白菜、菠菜、茼蒿等）。叶菜类和果菜类都少，但葱蒜类较多，水生蔬菜更多（共计 13 种，约占全部蔬菜的三分之一）。

　　上古时期蔬菜的分类很粗放，概念模糊，所以很难确定它属于现代的哪一种菜。例如，当时的"瓜"和"葵"，实际上包括现代的几种菜，并且难以明确它们究竟是现代的何种蔬菜。

　　关于上述上古时期蔬菜的用途，还应说明如下：①古代很重视祭祀，有些蔬菜（如荇、韭、菱）常用作祭品。②仅用于灾年救荒。③古人喜食山野或水生野生植物作菜用，但只是随手采摘一些，并非常食。④作为鱼、肉的香辛调味品，随着食用习惯的改变，这些植物就不再用作蔬菜了。

　　所以上述 30 余种蔬菜中，最后的一部分蔬菜在上古后期，就逐渐消失，不再当作蔬菜了。

（二）主要蔬菜简介

1. 瓜

　　上古时代我国还没有黄瓜、冬瓜、西瓜等，瓜的种类较少。这里的瓜应该是指甜瓜，它是我国古老的瓜类。

　　《诗经·豳风·七月》载："七月食瓜，八月断壶。"七月是农历七月，正是甜瓜（指哈密瓜等网纹甜瓜）的成熟期。

　　《诗经·小雅·信南》载：瓜"是剥是菹"。说明这种瓜是大型的，除了剥皮生食以外，还可用于腌渍（菹）食用，这也适用于甜瓜。

　　《齐民要术》引《汉书·地理志》曰："敦煌古瓜州地，有美瓜。"古代甘肃敦煌已有闻名的网纹甜瓜了。

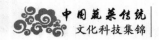

2. 瓠

《诗经》载："瓠有苦叶。"瓠是我国最早栽培的瓜类。瓠与匏为同一物，嫩瓜称为瓠，瓜老熟变硬后称匏。

"瓠有苦叶"，瓠叶小时可为羹，又可腌煮，极美，今河南及扬州人恒食之。

《王氏农书》载："瓠之为用甚广……""瓠之为物也……烹饪咸宜，最为佳蔬。种得其法，则其实硕大；小之为瓠杓，大之为盆盎，……举无弃材，济世之功大矣。"

可见古人很重视瓠，不仅食用，且可作容器。中医药上"悬壶济世"，功效很大。

近代我国食用的是扁蒲，或称蒲瓜，与瓠为同一类物，但是否为同一种，尚待明确。

3. 菽

上古时期中国供作菜用的豆类不多，当时种的豆类为菽，是大豆，也是当时豆类的总称。

《诗经·大雅·生民》："荏菽旆旆。"形容大豆在田间生长很茂盛。

4. 葵

上古时期食用的叶菜类较少。当时的叶菜类植株粗大，生长期长，摘取其嫩叶供菜用。葵为当时的重要叶菜，曾被称为"百菜之主"。在《王祯农书》等古籍中都有葵的记载。

古代葵的种类很多。例如，戎葵、荆葵、鸭脚葵等，很难明确古代的葵是现在哪一种蔬菜。但是，到了明朝，我国不再吃葵，原因有待考究。可以指出的是，古代的葵，包括现代蔬菜中的"冬葵"与"落葵"。

冬葵　　古名：葵。别名：冬寒菜、冬苋菜。俗名：蕲菜、滑肠菜。锦葵科二年生草本植物，今四川、湖南有栽培。

落葵　　古名：承露、繁露。俗名：胭脂菜、藤菜、木耳菜（北京）、紫果叶（上海）。落葵科一年生蔓生植物，在热带为多年生。近代上海等地有零星栽培。

5. 蘆菔（萝卜）

萝卜的古名称多，变化大，或名突𦼪、菘等。根据李时珍的《本草纲目》记载，"莱菔"乃根名，上古谓之蘆菔，中古谓之莱菔，后世为蘿蔔（萝卜）。

又《诗经·邶风》："采葑采菲"，葑是芜菁，菲是什么？据注解，菲有根茎可食，在三月中成熟，似芜菁，花紫赤色。根据这些注解，古代的菲也为一种萝卜。

6. 芹

《诗经》："思乐泮水，薄采其芹。"

芹字古代为茞，《尔雅·释草》："芹，楚葵。"注云：今水中芹菜（水芹菜），古代亦作茞。

7. 荼（苦菜、苦荬菜）

《诗经·邶风·谷风》："谁谓荼苦，其甘如荠。"《农政全书》："蘧，古苣字，吴人呼为苣菜。茎青白色，摘其叶，白汁出，脆可生食，亦可蒸为茹。"这大概是菊科莴苣属或苦苣属的植物。

8. 薇

《诗经·召南·草蟲》："陟彼南山，言采其薇。"《尔雅·释草》："薇，垂水，生于水边，故曰垂水。"陆矶疏，注云："山菜也，茎叶皆似小豆，所以山中水边皆有之。"《史记·伯夷传》伯夷、叔齐耻不食周粟，隐居于首阳山，采薇而食。据"诗正义"云：蜀人（四川人）谓之巢菜，今野豌豆云。石声汉教授指出薇是豆科巢菜属的几种蔓性植物。

9. 蒿

古代所称蒿的范围很广、种类很多。例如，青蒿、莪蘿、蘋蒿、蒌蒿等。《诗经》："言刈其蒿。"郭注云："蒌蒿生下田，初出可啖，江东（注：江南地区）用羹鱼。"蒌蒿至今仍为野菜。

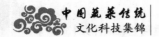
10. 芥

《礼记·内则》："鱼脍芥酱。"又："春用葱，秋用芥。"注云："芥以味辛为芥……"陶弘景曰："芥味辣，可生食……名辣菜。"古代这种芥菜，应该是作芥末用的辣芥。

11. 堇

《尔雅·释草》郭注云："苦堇，今堇菜也，叶似柳，子如米"。《诗经》："堇荼如饴。"堇菜究竟是何种植物，有多种说法，很难确定。据《本草纲目》，认为堇是"旱芹"，就是现在栽培的芹菜，而古代的芹，则是水芹菜。现代"堇"常指"紫花地丁"，仍为一种野菜 [参见第七章"附件"（三十七）]。

12. 薑（姜）

《说文》："薑，禦湿之菜也。"古代以姜、桂并用，不仅供药用，且可菜食，用以调味。

13. 蘘荷

参见第四节（五）。

第二节　明清时期食用的蔬菜种类

（一）江南地区食用的蔬菜种类

明清时期民众食用的蔬菜种类，当然比上古时期多，蔬菜种类的变化很大。下面以江南地区为例，列四表（表2-1～表2-4），介绍当时食用的蔬菜种类。

表2-1　明弘治十七年（1504年）《上海县志》

叶菜类	白菜、菘、芥菜、菠菜、苋菜、茼蒿、叶用蒁菜（"牛皮菜"、"莙达菜"）、芜蒌。
根茎菜类	萝卜、胡萝卜、山药、芋、香芋（菜用土圞儿）、姜、黄独

续表

果菜类	茄、豌豆、菜豆（"刀豆"）、大豆（"毛豆"）、扁豆、绿豆、小豆、落花生、黄瓜、冬瓜、菜瓜、蒲瓜、丝瓜、越瓜（"梢瓜"）、西瓜
葱蒜类	韭、葱、蒜
水生蔬菜	蓴（"莼菜"）、茭白、慈姑、莲藕、水芹、菱、荸荠、蒲菜、芡实
多年生蔬菜	竹笋（包括十几种）、襄荷
野生蔬菜	荠、苦菜（苦荬菜）、蒌蒿、蕨、蕈
药、菜兼用	枸杞、紫苏、薄荷

表2-2 清雍正五十五年（1727年）《崇明县志》

叶菜类	白菜、菘（乌菘、春菘、夏菘）、油菜、芥菜、茼蒿、菠菜、苋菜、叶用蓁菜、芫荽
根茎菜类	萝卜、芋、莴苣笋、香芋、甘薯
果菜类	茄、天茄、蚕豆、豌豆、大豆、扁豆、菜豆（"白扁豆"）、菜豆、绿豆、黄瓜、冬瓜、丝瓜、蒲瓜、越瓜、甜瓜、西瓜
葱蒜类	韭、葱、蒜
水生蔬菜	茭白、慈姑、莲藕、水芹、荸荠、菱、"西洋菜"（豆瓣菜）
野生蔬菜	荠

表2-3 清嘉庆二十四年（1819年）《松江县志》

叶菜类	白菜、菘、油菜、菠菜、芥菜（银丝芥等）、苋菜、叶用蓁菜、金花菜（"草头"）、茼蒿、芫荽
根茎菜类	萝卜、胡萝卜、芋、莴苣笋、香芋、山药、黄独、诸葛菜（芜菁）
果菜类	茄、蚕豆、豌豆、豇豆、菜豆、扁豆、大豆、绿豆、黄瓜、丝瓜、冬瓜、南瓜、蒲瓜、菜瓜、苦瓜、西瓜、甜瓜、北瓜、哈密瓜
葱蒜类	韭、葱、蒜、薤
多年生蔬菜	竹笋、百合、襄荷
水生蔬菜	荇菜、莼菜、水芹、茭白、慈姑、菱、莲藕、蒲菜
野生蔬菜	荠、蕨、苦荬菜、蒌蒿、蕈

表2-4 清光绪八年（1880年）《嘉定县志》

叶菜类	油菜（芸苔）、菘、塌棵菜、白菜（"常菜"）、芥菜、菠菜、苋菜、金花菜、茼蒿、甘蓝（"卷心菜"）、芫荽、落葵、蕹菜、枸杞
根茎菜类	萝卜、芋、莴苣笋、马铃薯、香芋、甘薯、甘露子
果菜类	茄、辣椒、番茄、大豆、豇豆、蚕豆、豌豆、菜豆、扁豆、绿豆、落花生、黄瓜、冬瓜、南瓜、丝瓜、菜瓜、北瓜、蒲瓜、金瓜、苦瓜、西瓜、甜瓜
葱蒜类	韭、葱、蒜、薤、洋葱
水生蔬菜	茭白、荸荠、水芹、慈姑
野生蔬菜	荠、马兰头、罗汉菜

注：明、清时期崇明、松江县，分别属江苏省、浙江省。

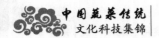

（二）影响江南地区蔬菜生产及种类的因素

对本节上述四表需说明如下。

第一，江南地区的自然条件与蔬菜生产。江南地区位于长江下游，气候温暖湿润，生长期较长。水域面积较大，且当地民众讲究蔬菜供食；所以当地的蔬菜生产发展较快，蔬菜的种类也较多。为此，明清时期我国北部、西部等地的蔬菜种类，一般要略少于本节上述四表中所载。

第二，社会因素与蔬菜生产。这个时期我国仍处于封建社会，城市及工商业不发达。当时的家庭人口较多，且多家族聚居。城镇居民的住宅中，一般附有小院或小园、农村住宅中常有大菜园。所以当时以家庭自给蔬菜生产方式为主。除供给本家庭蔬菜鲜食以外，还常兼行蔬菜加工腌渍、酱制、干制等；并且常菜药兼用生产。

上述因素都会影响到当地的蔬菜种类。

（三）明清时期中江南蔬菜种类的变化

本节上述四表大致是公元1500年左右到公元1900年左右，即明朝中期到清朝末期，先后约400年。但在这段时期中，江南地区蔬菜的种类发生了明显的变化，其概况如下。

（1）这时期江南地区经常食用的蔬菜，已由开始时的40种左右，逐渐增加到50种左右，所以这时的蔬菜种类已基本与现代相似。

（2）主要蔬菜种类，如叶菜类、瓜类、豆类等的品种已逐步配套。例如，芥菜类中已包括大叶芥、细叶芥（雪里蕻、银丝芥）、弥陀芥等；绿叶菜中的品种也更多样化。（江南地区传统白菜配套优良品种，参见附件。）

（3）明末当地的水生蔬菜多达9种，其中包括"诗经植物"荇菜和莼菜、芡实。

（4）农村中保存着一些稀有的传统蔬菜和保健、医药兼用的蔬菜。例如，山药、黄独（零余子、薯蓣）、百合、襄荷（参见第四章节第四节）、紫苏、诸葛菜（芜菁）。也保存着一些地区特色蔬菜，例如，香芋（菜用土圞儿，崇明县）、罗汉菜（嘉定县）。明代上海地区食用的竹笋有十余种。

（5）野生蔬菜一直是当地喜食的蔬菜，但其种类有些变化。在这时期的后期，蕨、蒌蒿、罗汉菜、蕈等减少，但荠、马兰头增加。

（6）在这时期的后期，随着市场消费的变化，一些传统蔬菜种类、品种逐渐减少，甚至消失。相反地，一些原产外国的"西菜"种类 [如番茄、甘蓝（卷心菜）、洋葱] 出现于本地区，以后又逐步成为当地的主要蔬菜。

（7）最后，应述及历代蔬菜种类变化的"后顾之忧"。由清末、民国、直至新中国成立以后，中国的蔬菜种类、品种在不断地加速变化；尤其是近代生产上及市场中出现不少蔬菜新种类、更多的新品种；但另外，许多中国传统优良蔬菜品种、种类，却逐渐消失了。这是严重的损失，必须引起重视。有关农业部门更应加强保护，防止蔬菜种质资源的流失。

在江南地区的蔬菜中，著名的"诗经植物"——荇菜，已于清末绝迹于蔬菜，野生的莼菜可以说已不存在。著名的芸苔（油菜）及浦东三林乡的"浜瓜"（西瓜）、上海郊区的盘香豇豆品种、松江的"捏落苏"（微型茄子）等，新中国成立以后已先后消失。崇明名特产香芋，近年也"岌岌可危"了。

至于上海地区以往炎夏闻名的"鸡毛菜"，是特式栽培技术的产品，久负盛名，现在已名存实无了（参见下列附件）。

因此，回顾中国历代蔬菜种类的变化，必须重视这种变化趋势的"后顾之忧"。

附件一　江南地区传统优良白菜配套品种

（一）不同季节型

1. 秋、冬白菜

（1）板叶型：

青梗：矮旗白菜（上海）、矮株大头型（或称"常菜、青菜"）、苏州青（苏

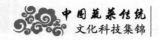

州）、油冬儿（杭州）；

白梗：矮脚黄（南京）、黑乌菘、黄乌菘（崇明）。

（2）花叶型：寒江阴（崇明）。

2.春白菜

三月慢、四月慢（上海）；四月白（南京）；蚕白菜（杭州）。

3.夏白菜

"火白菜"（上海、杭州）；"605"（上海宝山区）；鸡毛菜（上海）。

（二）不同株型

（1）矮生直立型：上述秋、冬白菜品种。

（2）高桩型：株高近70厘米，其叶柄横切面一般为半圆形，主供腌渍用。箭杆白（南京）；高脚白菜（杭州、绍兴）。

（3）塌地型：塌棵菜（上海）、乌塌菜（南京）。

（三）苔用型

广东菜心；一刀齐菜苔、腊菜苔（上海）。（注：①南宋吴自牧著《梦粱录》载："苔心矮菜。"可见南宋时已有白菜苔。②上海四月慢青菜，晚抽薹、优质、高产。新中国成立初期在我国北部大面积推广，效果良好。③上海青菜近年来在海外栽培较多。）

附件二　上海的"鸡毛菜"

从民国时期一直到新中国成立，鸡毛菜是上海炎夏供应的著名传统特色蔬菜。它洁白鲜嫩，最适于夏季做汤用。在其他江南地区，夏季只有小白菜生产，却没有鸡毛菜。

有一位常来上海的国际友人，每次来上海以前，都会开口笑着说："哈哈，上海，鸡毛菜，真好！"

然而随着市场经济的发展，大约从 20 世纪 80 年代开始，传统的、真正的鸡毛菜已在上海市场上逐渐绝迹了。现在市场上虽仍有"鸡毛菜"出售，实际是一堆小白菜的零碎叶片。

传统的、真正的鸡毛菜是怎样的？简单地说，它的食用部分主要是洁白、细长、鲜嫩的"茎"（植物学上是伸长的"胚轴"）及 2～3 片初展的小叶片。也可以说，鸡毛菜是豆芽型的小青菜秧。而小白菜的食用部分是已充分展开的绿色叶片（3～4 片）和长大的叶柄（俗称"菜梗"）。

生产鸡毛菜的原理，是大量密集播种，出苗以后，苗株十分拥挤，少见阳光；使菜秧向上徒长（"疯长"），终于形成细长、洁白的绿豆芽状菜秧。

以往上海的鸡毛菜，一般是从 5 月到 8 月初生产。所用的种子可以和小白菜相同，但是二者的栽培技术差异大；鸡毛菜的栽培技术精细、田间管理严格，劳动强度大。

鸡毛菜的播种量为一般白菜的 5 倍左右。整地要精细，田间撒播必须均匀，肥水条件要充足。炎夏季节尤需掌握浇水技术，浇水应力求轻、细、匀；且需在夜间气温、土温、菜温都下降时才能浇水（俗称要在"土凉"、"菜凉"、"水凉"时，浇"月亮水"）。以往用人力挑水浇，劳动强度大。如果浇水不当，不但出苗、生长困难；更会使小菜秧猝倒病死，造成严重损失。

鸡毛菜于播种后 15～18 天，于清早一次采收完毕（这时菜秧已长成绿豆芽状，有 2～3 片叶微展开）。采收时一刀又一刀将菜秧割下。然后把一束束整齐的菜秧原封不动地运往菜市场。至于小白菜，需间苗 1～2 次，分次采收。

鸡毛菜虽鲜嫩美味，但这是菜农们费心思、艰苦劳动的产品。

现代蔬菜生产，田间管理配套设备日益完善，是否可以利用现代农业设施改进原来鸡毛菜栽培技术，以恢复这个传统名牌菜的生产，这是值得考虑的。

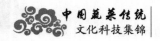

第三节　古代名人名菜

（一）诸葛菜（葑、芜菁）

据《辞海》"蔓菁"条目载："蔓菁即芜菁，又有九英菘、诸葛菜名"。又《嘉话录》"诸葛菜"条目载："诸葛亮所至，令兵士种芜菁，今蜀人呼芜菁为诸葛菜"。

中国的蔬菜多达一百多种，其名称（包括别名）达数百个，但以历史名人正式作为菜名，并载于史册者仅诸葛菜，由此可见诸葛亮受国人之崇敬了。诸葛亮为我国历史名人，其《前出师表》、《后出师表》及空城计、木牛流马等杰作，为国人所熟知及赞扬，但却很少有人知道"诸葛菜"。

芜菁古名蔓菁、葑，为我国自古食用的蔬菜。直到近期，我国西南部山区等客家族地区，依然广种芜菁，并仍称为葑。芜菁形似萝卜，以肥大的肉质根作菜用（可代粮或作饲料）；但其质细味美，远胜萝卜。其叶可腌制食用，种子也可榨油，用途甚广，深受山区民众所喜欢（参见第四章）。

据《群芳谱》载："深山中人每种三百六十本芜菁，日食一株，不妨绝粒。"（注：意即不怕断粮。）可见芜菁代粮的作用。

据袁滋《云南记》："嶲州界缘山野间有菜，大叶而粗茎，其根若大萝卜。土人蒸煮其根叶而食之，可以疗饥，名之为诸葛菜。"

又据刘宾容《嘉话录》："公曰诸葛，令所至兵士独种芜菁。"何绚氏指出，芜菁有叶大可煮食、冬季可采根而食等六项优点。

综上所述，明确指出了诸葛菜名称的由来。诸葛亮为三国时期名人，深入滇黔深山区征战，生活十分艰苦。但他看中了山区种芜菁的好处，菜粮兼用，所以强调士兵独种芜菁。诸葛亮足智多谋，艰苦创业，深入基层，关心老百姓与士兵生活，当然会受蜀人崇敬，永恒纪念，修建丞相祠堂，并称芜菁为诸葛菜。

此外，诸葛菜的名称，并非仅应用于西南地区。在江南地区，直至清朝末期，甚至民国初期，抗战前夕，也称芜菁为诸葛菜。在《松江县志》（清嘉庆二十四年，1919 年）、《川沙县志》（清光绪五年，1877 年），甚至《上海县志》（民国 25 年，1936 年）的蔬菜种类中，都载有诸葛菜，可见诸葛菜盛名流传之久及广了。

蔓菁（诸葛菜）在东南地区（尤其是城市郊区）栽培，容易发生病毒病，产量低，所以近年来栽培者愈来愈少。

（二）巢菜

古人爱吃之野菜颇多，其中包括著名的巢菜。巢菜系四川俗名，为豆科草本植物，自生于田野间。宋朝苏轼、陆游等名人都爱吃，并载于诗文，巢菜因此而闻名。苏轼云："菜之美者，吾乡之巢。故人巢元修嗜之余亦嗜之。"

《尔雅》称巢菜为"摇车"，又称"翘摇"。因其茎叶柔婉，有翘然飘摇之感，故名。巢菜有大小之分，苏轼所赋为小巢菜，并认为小巢菜为其家乡菜。

陆游在《巢菜并序》中云："蜀蔬有两巢：大巢，豌豆之不实者；小巢，生稻畦中。东坡所赋元修菜是也。吴中绝多，名漂摇草，一名野蚕豆。但人不知取食耳。"

小巢菜产于四川，各地皆有，江南尤多。陆游云："余小舟过梅市（今绍兴境内）得之，始以作羹，风味宛然在醴泉蟆颐时也。"并有诗云："冷落无人佐客庖，庚郎三九困饥嘲，此行忽似蟆津路，自候风炉煮小巢"。（注：蟆颐为蟆颐津之简称，在今四川省眉山县东。）此诗为陆游回忆在蟆津渡时，正逢三九严寒天，独自煮食小巢菜之情景。在陆游眼下，小巢菜为风雅之物，但当时人竟不知取食，所以他要叹息感慨了。

大巢菜的植物学学名为野苕子（*Vicia faba* L.），别名大野豌豆。为豆料一年或二年生草本植物。株高 20～50 厘米，茎略倾斜卧地面上。羽状复叶，先端有卷须。小叶 8～16 片，长椭圆形或倒卵形，现代仍作为野生蔬菜。

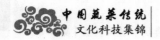

据《史记·伯夷传》曰:"伯夷、叔齐耻食周粟,隐居首阳山,采薇而食。"据"诗正义"云:"薇,蜀人谓之巢菜,今野豌豆也"。

由此可见,巢菜古名薇,早在周朝时国人已食巢菜,四川人尤其爱食。

(三)为什么称茄子为"落苏"?

——有关吴越王钱镠轶事——

茄子为什么称为"落苏"?《辞海》条目载:"茄子别名。"《本草》曰:"茄,一名落苏,字义未详。"关于这个谜,近期上海的报纸有一些论述,笔者从事蔬菜园艺多年,对这些论述浅析如下。

(1)茄在我国栽培甚广,不同地区的名称略有区别。在北部及西部等广大地区,通称"茄",不称"落苏"。

在东南吴语地区,称"茄子",俗称"落苏"。可以说,"落苏"名称的来源与"茄子"有关,与"茄"无关。

(2)新民晚报 2006 年 11 月 19 日"落苏之名哪里来"文中指出:"在原始的苗语中,茄子发音颇似汉语落苏的发音。"如果这个解释合理,那么为什么在我国北部等地不称落苏呢?因此这种解释很勉强。

(3)江南地区称茄子,从字义上来说,"子"可以表示"儿子"或"孩子"。

在江南吴语地区,"茄子"与"瘸子"音同,"茄子"可以被理解为"跛足的孩子"。由此可以推测,"落苏"名称很可能与"茄子"有关,但与"茄"无关。这里又会引出一则历史名人的轶事。

(4)新民晚报 2002 年 5 月 24 日"茄子为什么叫落苏"文中,提出千年之谜,今有新说。

北宋王辟《渑水燕话录、杂录》讲到茄子改称"落苏"事。五代吴越王钱镠(公元 862 ～ 932 年)有个宠儿,幼而瘸。杭人怕叫茄子与瘸子谐音,有嘲笑国王太子残疾之嫌,故改口称茄子为落苏,流传至吴越广大地区。这一种说法,比较可信。

（5）还有更详细一说。有一天，吴越王钱镠带着他有瘸腿的儿子乘辇出巡，正好路边有人叫卖茄子。因茄子与瘸子同音，越王听了很不舒服。他想下令禁止，终觉不妥，怎么办呢？正在沉思之际，忽然抬头看到辇前锦陂上垂下的流苏，恰似茄子条条挂在枝上，十分美观而可爱。越王灵机一动，便命人传下去，改称茄子为"流苏"。这句话迅速在江南吴越十四州传开。但"流苏"口音欠顺，最后"流苏"又改为"落苏"。从字义言，落苏可理解为下垂的流苏。且"落苏"两字正好绘出杭州茄子结果累累的图，所以，从字义及发音来说，"落苏"都较"流苏"为宜。这样，在江南吴越地区就改称茄子为"落苏"了。

但是，在这传佈之际，也有误称茄子为"落素"或"洛舒"的。

上面的解释是比较合理的，这件轶事也反映江南百姓对吴越王钱镠的崇敬。他治国有方，惠及庶民，威信卓著。正像杭州西湖边的钱王祠，历朝久经风雨，至今完好，供人凭吊。又如保俶塔，至今屹立西湖风景区，是永恒的纪念。

（6）从蔬菜园艺的观点来剖析上述谜团，必须涉及茄子的品种及其结果习性。中国北部及西部等地区的茄子品种，一般果型较大，果形为灯泡形或圆球形，且结果稀，其结果形态完全不像上述的"流苏"。也不能比作"流苏"。但是江南地区的茄子，一般为细长条形，结果多。尤其是新中国成立以前杭州的茄子，是全国著名的传统良种，称为"杭州藤茄"（或红茄），果形特别细长，色美味佳，且易结果。夏秋之交，株上挂满细长的茄条，确实很像古代车上的流苏。这是笔者亲身的经历与多年实际的观察，因此，杭州的茄子，俗称为落苏，是合理的。

（7）上述事例也启示我们，应该正确地应用蔬菜的名称（包括俗名）。有时，一个蔬菜的名称，可以引出一件历史事实。直到现在，还有一些书典称茄子为"酪酥"，因为它味如酪酥，这是错误的。茄子的口味和酪酥完全不同，茄子的俗称应该是落苏，不是酪酥。

第三章

历代中国蔬菜的引进与传出

第一节 历代中国蔬菜的引进

中国的蔬菜种类很多，它们的来源也多。在我国漫长的历史中，曾先后从国外引进一些蔬菜。它们的引进大致可分为下列三条路线：第一，经"丝绸之路"从中亚等地区引进，这是历史上最早、引进蔬菜种类最多的路线；第二，从东南亚国家引进，由云南、广西等地传入；第三，由海路引进欧美国家的蔬菜种类，主要在近代引进。

引进的方式，首先主要通过官方引进，规模较大，由汉代张骞开始，即"张骞通西域"。其次是民间交往的引进，其开始的时期可能较早，但规模小，且很少有文字记载。

（1）由"丝绸之路"引进。公元2世纪张骞受汉武帝之命，出使西域，正式开通中国与西北国家的交往，这就是中国历史上闻名的"丝绸之路"。由长安（现代的西安）出发，经过河西走廊，出嘉峪关，绕着世界最大的沙漠之一——塔克拉干沙漠的南侧，穿越沙漠西行，过和田、沙车，越过乌兹别里山出国境。从此与阿富汗、伊朗，甚至非洲、欧洲、印度交往（注：见下述）。此后，每年有十二批骆驼队沿此路线西行，与外国交往。

虽然汉、唐以来，与西部国家交往和引进蔬菜种类比较多，但有文字记载的却很少。除上述张骞通西域以外，还有《墨客挥犀》载：呙国使者来汉，引进莴苣。及《唐会要》载：唐代尼泊尔国献菠菜（菠薐）（参见下述有关各节）。

当时经"丝绸之路"，由中亚细亚等地引进我国的蔬菜种类有豌豆、蚕豆、扁豆、西瓜、甜瓜、黄瓜、瓠瓜、恭菜、胡萝卜、大蒜、大葱、芫荽、芹菜、小茴香等。（注：甜瓜、瓠瓜的种类多，所引进的与我国原有的不同）。

（2）晋、唐之际，展开与越南、柬埔寨、缅甸等东南亚国家的交往。由云南、广西等地引进的蔬菜种类有小豆、绿豆、矮豇豆、丝瓜、冬瓜、苦瓜、茄子、落葵、山药、姜、魔芋等。

（3）明、清时代，我国和外国的海运交往逐渐发达，引进一批欧洲与美洲产的蔬菜。包括南瓜、西葫芦、笋瓜、佛手瓜、菜豆、豆薯、辣椒、马铃薯、番茄、甘蓝、甘蓝、结球莴苣（生菜）、洋葱、根恭菜、四季萝卜、豆瓣菜、香芹菜、朝鲜蓟、菊芋等。

第二节　历代中国蔬菜的传出

—— 中国蔬菜资源对早期国际蔬菜的贡献 ——

中国蔬菜种类之多，是现代世界各国少见的，德国学者柏勒启奈德（Brefschneider）200 多年前曾说："世界各民族，所种蔬菜及豆类，种类之多，未有逾于中国农民者。"

中国蔬菜资源，对丰富和改进早期其他国家的蔬菜种类，有特殊的贡献。

中国的芸苔（白菜型油菜）于 16 世纪传至欧洲。白菜和大白菜（结球白菜）

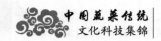

现今被世界很多国家所引进和栽培（注：欧美栽培大白菜的记录见于1800年）。大豆起源于我国，18世纪传至欧洲，19世纪初传入美国。现在美国称大豆为Soy，法国称Soja，都与中国大豆古名——"菽"发音相似。

中国的"长黄瓜"被许多国家所引种。早在公元6世纪，中国传入马来西亚等南洋群岛国家的蔬菜有芹菜、韭菜、枸杞、蒲菜等。

中国的落葵（"紫果叶"）于1839年由乔福罗（Geofierey）传至法国。山药也由当时上海法国领事孟体耐（Montigny）于1848年传至法国。

中国有许多特色蔬菜，在国际享有较高的声誉。例如，莴苣笋、大葱、长山药、茭白、莼菜、竹笋、金针菜、香菇等。

由中国传至日本的蔬菜种类当然更多，时间更早。我国与日本的海上交往较方便，民间（尤其是宗教界）交往活动颇多。

《唐诗三百首》中，钱起写过"送僧归日本"的诗云："上国随缘住，来途若梦行。浮天沧海远，去世法舟轻。水月通禅寂，鱼龙听梵声。惟怜一灯影，万里眼中明。"海阔天空，波涛惊险，但挡不住古代中日之间的宗教活动和文化交流。

根据日本学者的研究，历代由中国传至日本的蔬菜种类有16种。引进至日本的蔬菜名称及其年代如下，供作参考。芸苔（白菜型油菜）：汉朝；芜菁：古代；大蒜、紫苏、慈姑：10世纪；西瓜：1579年；苦瓜：1600年；菜豆：1654年隐元法师归化日本时引去（注：日本现代仍称菜豆为"隐元豆"）；菜用大豆：18世纪；毛竹（竹笋）：1736年；白菜：1868年；大白菜：18世纪；中国长黄瓜：1943年（8世纪鉴真法师东渡日本时可能带去蔬菜种子）；其他茄子、山药、落葵等。

第三节　莴苣引进及莴苣笋演变历史考证

一、莴苣演变历史考证

莴苣有叶用与茎用两类，我国自古至今食用的为茎用，称莴苣笋。叶用莴苣通称生菜，食用它的球叶，它是近代才从国外引进的。

莴苣笋别名茎用莴苣、莴笋，古名呙苣、呙菜、千金菜等。据宋《墨容挥犀》载："呙菜自呙国来，故名。"又因它"叶似白苣"，故称苣。莴苣笋是我国特产蔬菜之一。

吴耕民 1946 年著的《蔬菜园艺学》载："莴苣笋别名：呙菜、千金菜、倭菜、倭笋等。"为什么称为呙菜及千金菜呢？正如上述，《墨客挥犀》所载："呙菜来自呙国，故名。"又据宋人陶谷撰《清异录》载："呙国使者来汉，隋人求得菜种，酬之甚厚，故因名千金菜，今莴苣也。"

古代的呙国现在是何国？以前曾有人认为它可能是阿富汗或日本。理由是阿富汗应为莴苣原产地之一；又因呙国与倭国音相同，故它应来自日本。当前我国的蔬菜园艺权威书籍指出，莴苣原产地中海沿岸。所以呙国不可能是阿富汗。至于日本原来没有莴苣笋，它是从我国传过去的。历史记载，8世纪扬州鉴真法师东渡日本，推动了日本明治时期的多种文化，我国的莴苣笋就是这时期带过去的。

莴苣起源地是何国？最近有人指出是巴勒斯坦阿塔斯 (Artas)。当地不但现在盛产莴苣，且每年都要举办一次"阿塔斯莴苣节"，说明莴苣在该地有一定的文化内涵。这个观点可以认为是更具体更新的论证。

莴苣最早是于何时传入我国呢？一般认为它最早于隋朝传入（前述文字记载）当无疑问。又有一说于晋代传入，依据不足，不足为信。关于这个问题，笔者认为，首先应从下列三个事实注意：

（1）古代国外没有莴苣笋，传入中国的只是叶用莴苣（散叶型）。

（2）唐代我国种莴苣笋已普遍，诗圣杜甫也亲手播种并作《种莴苣》长诗 [参见第五章（九）]。

（3）由国外传入的莴苣，需经长期培育改进，才演变为茎用变种——莴苣笋。

隋、唐之间年代很短，如果是隋代传入莴苣，唐朝不可能普遍栽培莴苣笋。由此推测，莴苣最早传入我国的时期，应该远在隋朝以前，可能为汉朝。

《中国蔬菜栽培学》（1987 年）载："经过丝绸之路"传入我国的蔬菜种类多。"但上述蔬菜由陆路传入的时代，仅见很少的文字可据考证"。

由此也可推测，莴苣传入中国的时期可能很早，但是目前不能查到确切的文献记载。

最后的问题是古代传入的叶用莴苣，在中国某地区的气候地理环境下经过长期培育后，才演变为茎用的莴苣笋。那么，它是在哪一个地区进行演变的呢？前人或文字记载未见提及。据笔者探讨，认为莴苣笋很可能是叶用莴苣（散叶型）在四川培育演变成的。理由是，四川盆地气候温暖湿润，土层肥厚，适宜于叶菜类茎部肥大生长。最突出的例子是"榨菜"，它是四川的名特产，是由叶用芥菜演变成茎部肥大的变种榨菜，我国其他地区没有培育成榨菜的先例。四川榨菜普遍，品种也多，真是独一无二。另外，豆科蔬菜绝大部分以果实供食用，但也有块根肥大的品种，即豆薯（四川俗称地瓜）供食用。它在我国其他地区几乎没有，却盛产于四川，也是当地特产。由此可见，四川的气候地理条件适宜菜类成长为肥大的茎或根。直到现在，四川莴苣笋栽培仍很普遍，且优良品种多。

此外，古代外国莴苣传入我国的地点，应该在长安（西安）一带，也就是陕西关中地区。它和四川相邻，传入后的莴苣很快就会再传至四川。

　　莴苣笋的清香可口，深受文人雅士的青睐。唐诗圣杜甫亦喜此物，且在宅边小园中亲手栽培。哪知播种后二十余天，不见出苗，却长出满地野苋。他扫兴之余，提笔写了长诗《种莴苣》，以发泄心中愤恨 [参见第五章（九）]。从这首诗也反映了一件有关莴苣的历史事实，即唐朝我国种莴苣笋已较普遍。

二、浅析西瓜传入中国历史考证

西瓜自古在中国供食用，但是西瓜究竟于何时传入中国，尚无定论。关于此事，我国近代蔬菜园艺书籍只有简述，但近期报纸发表了一些相关报道及论证，今汇总这些历史资料予以浅析，以探讨西瓜最早传入中国的时期。

（一）近代蔬菜园艺书籍中的相关记载

新中国成立以前吴耕民著《蔬菜园艺学》（1946 年）载：西瓜"我国何时传入，未敢妄断，但胡峤《陷北记》……则西瓜传入我国，至迟亦为五代时也。"

《中国蔬菜载培学》（1987 年）第二章"经丝绸之路"传入的蔬菜一节中载：通过"丝绸之路"经由中亚传入我国的蔬菜，仅见很少文字可考证。

该书"西瓜"章载："西瓜"一句最初载于《新五代史四夷附录》。《胡峤陷虏（辽）记》（于公元 946 ～ 953 年）载："契丹破回纥得此种"，可知西瓜自新疆传入辽已有 1000 多年了。此后南宋洪皓的《松漠纪闻》载："予携以归，今禁圃乡圃皆有。"南宋著名诗人范成大的《西瓜园》（公元 1170 年）诗注云："西瓜本燕北种，今河南皆种之。"可见南宋时期西瓜已由北方（今北京、大同等地）引入浙江、河南等地区广为栽培了。

该章中又载：1959 年 2 月 24 日《光明日报》报道，杭州水田畈新石器时代晚期（约公元前 3000 年）遗址中发现有西瓜种子。又据 1960 年第七期《考古》杂志《山西孝义张家庄汉墓发掘记》报道，东汉早期墓葬中，也发现有西瓜种子。这些考古发现目前虽有争议，但说明我国在唐朝以前，内地可能已有西瓜种植了。

（二）近期上海报纸上发表的相关论证

（1）"西瓜何时传入中国"（上海老年报，2008 年 7 月 22 日）指出下述两件事。

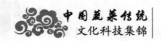
汉魏时代"建安七子"之一刘桢《瓜赋》载："蓝皮密理，素肌丹瓤，甘逾蜜房，冷亚冰霜。"该文作者认为："这首诗把西瓜的形、色、性、味确切地表达出来了。"又南北朝《南史·腾县恭传》曰："母杨氏患热，思食寒瓜……""昙恭历访不能得，衔悲哀切。"此文的结论是："西瓜至迟在南北朝以前，或汉魏时就传入中国。"

（2）"西瓜传入在汉代"（新民晚报 2010 年 9 月 6 日），此文及下述文都提及五代胡峤及南宋洪皓引入西瓜之事，其内容与上述《中国蔬菜栽培学·西瓜章》相似者不再重述，仅将新的论证记述如下：

《南史》载："梁武帝闻一爱卿去世，正好在吃西苑的绿沉瓜，悲不自胜，有诗记述。"明代俞弁《逸老堂诗话》指出，"绿沉瓜即今西瓜也"。

又 1959 年在江苏高邮邵家沟发掘的东汉墓、1980 年扬州邗江县发掘的西汉墓中，都发现了西瓜子。

因此，该文对西瓜于五代时传入中国表示怀疑，并指出西瓜传入中国是在汉朝。该文又解释，既然公元以前西瓜已传入内地，为什么以后五代胡峤又作为新闻记述呢？只能解释为，当时种瓜的少，大家都不知道，或者是种后又失传了。

（3）"西瓜传入路线图"（新民晚报，2010 年 8 月 16 日）。此文对五代胡峤、南宋洪皓引进西瓜事实讲的很详细，但未提及其他的西瓜引进事实。该文中又指出，胡峤在归途中，并未将瓜籽带回，他只是在幽州去契丹的途中"始食了西瓜"。但他将"塞外牛粪覆棚而种"西瓜的方法介绍到中原来，这是胡峤的功劳。

该文认为，历史上真正将西瓜从塞外引进的，是南宋的洪皓，他先后将西瓜种于中原地区和杭州、饶州、英州等地。

这些论证引用的历史资料分别为：①汉魏"建安七子"刘桢的"瓜赋"；②南北朝《南史·腾县恭传》中的寒瓜；③《南史》载梁武帝时的绿沉瓜。

至于汉代等古墓中发现西瓜种子的事实，分别为：①杭州水田畈；

②山西孝义张家庄；③江苏高邮邵家沟；④扬州邗江县。

（三）其他论证

除上述三项以外，还可以从中国咏西瓜诗的历史来探讨西瓜最早引进中国的时期。

根据现在已掌握的资料，我国最早咏西瓜的诗，是南朝梁代著名诗人沈约的《行园诗》。

诗云："寒瓜方卧陇，秋蔬亦满坡。……"［详见第五章（六）］

（1）这首诗中的"寒瓜"即西瓜，我国古代称西瓜为"寒瓜"，见上文。

（2）从这首诗可以看出，南朝梁代沈约在世的时期，我国中原地区已经种植西瓜；并且已掌握了西瓜的栽培技术（如引蔓等）。所以西瓜才会爬藤"卧"垅了。由此推测，西瓜引进中原地区的时期应该早在沈约出生以前。

（3）沈约（公元441～513年）。因此西瓜引进我国中原地区的时期，应该早在公元400年以前，甚至提早到汉朝。西瓜最早引进中国的时期，不是以往认为的《胡峤陷虏（辽）记》（公元946～953年）。

（4）不过沈约在世的南朝，西瓜只有零星种植，没有大面积推广。可能在梁朝以后西瓜栽培又逐渐失传了。

再加上我国地域辽阔，地区之间讯息不通，所以，此后胡峤再一次引进西瓜，并且列为新闻。

最后，作者认为还应该从古代世界有关地区西瓜栽培的历史，来探讨西瓜引进中国的时期。

下面再提出一点，供作参考。

世界上最早种西瓜的国家是古埃及，最迟应在公元前2000年就已种西瓜，以后传至欧洲、中亚细亚、印度等地，最后经西域传入中国。西瓜在国外栽培历史之早、古代栽培地区之广，远胜于一般蔬菜类。既然古代"丝绸之路"交往如此频繁，汉朝大蒜、芫荽等蔬菜已经引进至中国，那么西瓜引入中国的时期，应该早于一般蔬菜吧！

第四章

传统蔬菜栽培科技
及名特蔬菜种质资源

第一节　传统蔬菜栽培科技概述

中国蔬菜栽培的历史悠久,《夏·小正》载:"正月囿有韭。"可见中国在 3000 年以前,农历正月园中已种韭菜了。中国的地域广阔,蔬菜种类又多。菜农在长期生产实践中, 探索蔬菜生长的规律, 在此基础上, 掌握成套、富有特色的栽培技术。我国传统蔬菜栽培科技, 可以概括为"精耕细作、丰富多彩"。今简述如下。

(一) 露地蔬菜栽培

"清明前后, 种瓜点豆"、"处暑萝卜、白露菜"。这两句农谚指出, 应根据不同蔬菜种类等条件, 适时播种,"抢季节", 这是蔬菜栽培成功的基础。播种方式应按照不同蔬菜种类, 分别采用:点播、条播、撒播。有时还将两种蔬菜的种子混合播种。

播种前后先行浸种催芽, 可使莴苣笋、菠菜等提早播种期、增加出苗率。元代《农桑辑要》详述其方法。

育苗移栽的方式, 可以培育壮苗。使瓜果类等多种蔬菜早熟增产, 提高土地利用率。《陈旉农书》中"善其根苗"篇载:"根苗既善,终必结实丰阜;若初苗不善,方且萎悴微弱。"此文明确指出培育壮苗的重要意义。

农谚"稀种萝卜、密种菜"指出,应该根据不同蔬菜种类等条件,掌握适当的种植密度,以提高产量。

田间管理技术方面,强调天旱锄地(中耕)保墒的作用,"旱锄地"、"锄头底下有水有肥"。又采用分次、分层施肥、肥水结合的施肥技术。"水黄瓜、旱豇豆、茄子辣椒水长流。"农谚指出,应根据不同蔬菜特性等条件,并"看天、看地、看庄稼",合理浇灌,节水高效。以防为主,防治结合,贯彻病虫害防治措施。

我国还有许多蔬菜、粮菜间作、套种技术,可延长蔬菜的供应期,增加复种指数,提高单位面积产量。

此外,还采用水旱轮作、粮菜轮作等耕作制度。

我国的水生蔬菜种类多,自古开始人工栽培,但其栽培技术较特殊,尤其是茭白、莲藕、莼菜等。菜农在探索生长发育规律的基础上,掌握了成套的栽培技术(参见本章第二节和第三节)。

我国地域辽阔,不同地区气候条件差异很大。所以有一些特殊地区的蔬菜栽培技术。例如,古代甘肃的旱地沙田栽培,生产蔬菜和甜瓜;陕西临潼利用温泉余热栽培蔬菜;自唐朝至清朝,甚至解放以后都用作早熟栽培(参见下述)。

元代我国开始应用"风障"、"阳畦"等简易保护设施栽培蔬菜。清朝在北京郊区大规模应用于春季蔬菜早熟栽培。

此外,我国古代就有已开始种植竹笋、金针菇、香椿等,且有特色栽培技术。我国古代已生产豆芽菜,在《图经本草》(1601 年)、《山家清供》书中都有详述。

(二)我国古代温室蔬菜栽培

在 2000 年以前,我国已利用简易陋室,于冬季生产蔬菜。《汉书补遗·

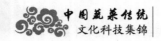
循更传》载："太官园种冬生葱韭茹，覆以屋庑，昼夜燃蕴火，得温气乃生，信臣以为此皆不时之物。"这是世界各国温室蔬菜栽培最早的历史记录。

唐朝利用天然废热，冬季生产温室蔬菜。《新唐书·百官志》载："庆差右门温泉等监，每监一人……凡近汤果蔬，先时而熟，以荐陵庙。"唐代王建吟温室蔬菜诗云："酒幔高楼一百家，宫前杨柳寺前花，内园分得温汤水，三月中旬已进瓜。"可见唐代利用温泉余热，在长安（西安）农历三月可生产瓜类，当然这些都是供宫廷用的。

上述陕西临潼华清池温泉余热利用。一直到清朝，甚至解放以后，温泉附近的菜农还在继续利用温泉（水温40℃以上）余热，进行春季早熟蔬菜栽培（菜豆、韭菜等）。

明、清时期仍有温室蔬菜栽培。明代《帝京景物略》载："元旦进椿芽、黄瓜……一芽一瓜，几半千饯。"古代不论是在我国北部还是中部，要在春节吃到黄瓜、香椿芽是不容易的，只有利用温室栽培，才能享到这种口福。

清代在北京的郊区，更建有大面积的"土洞子"（土温室），于严寒季节生产瓜果蔬菜。土温室低矮，是朝南向单屋面式结构。北边为土墙，南面部分糊以油纸棚以透光、夜间覆盖厚蒲席。北边靠墙处设火道，燃煤加温。温室可保持18～25℃。"土洞子"主要生产黄瓜（北方人冬季要"清火"），其他为甜椒、香椿、番茄。当然这些产品主要供宫廷享用。

此外，我国古代北方的菜农，冬季利用地窖、窑洞等，生产韭黄或蒜苗。（注：是一种"软化栽培"，参见本书第四章第四节中的注解。）

公元645年（唐贞观十九年）冬季，唐太宗东征胜利回师，途径易州，该州司马以上述新鲜蔬菜献太宗，但遭拒绝。

（三）古代有关农业书籍

我国古代还著有许多农业科技书籍，记述我国的蔬菜种类、蔬菜的栽培方法等。对指导蔬菜生产、增进科技知识方面具有重要的意义，这也是祖国宝贵的遗产。历代有关蔬菜的著名农业科技书籍有：《四民月令》（公元 1 世纪）、《南方草木状》（公元 304 年）、《齐民要术》（公元 533 ～ 544 年）、《埤雅》（公元 1125 年）、《王祯农书》（1313 年）、《本草纲目》（1566 年）、《群芳谱》（1708 年）、《救荒本草》（1406 年）等。

第二节　莼菜栽培科技及古史话

莼菜别名：蓴菜、蓴、锦带
古名：茆、几葵、水葵

（一）

莼菜为古"诗经植物"之一，我国自古食用的水生蔬菜珍品。《诗经·鲁颂·泮水》载："思乐泮水，薄采其茆。"据陆玑《疏》云："茆与荇菜相似，叶大如手、赤圆，有肥者著手中，滑不停。茎大如匕柄，叶可以生食，又可鬻（注：即粥），滑美。江南人谓之蓴菜，或谓水葵，诸陂泽水中皆有。"

《周礼·天官》载："朝事之豆、其实茆菹。"（注：菹、酱）。由此可见，古代把莼菜用作祭祖供品。

《广雅》："茆、几葵也，是蓴。"

《尔雅·翼》载："今吴人嗜莼菜、鲈鱼之类。"

从古代直至近代，我国的莼菜为野生，近期才有小规模的人工栽培。根据上述陆玑疏注及《尔雅·翼》所载，我国在上古时期，江南地区已盛产野生莼菜。

又根据下述几首诗，可以指出，在晋、唐、宋时期，江南地区仍盛产莼菜。

唐代贺知章《答朝士》诗云："钑镂银盘盛蛤蜊,镜湖莼菜乱如丝。"（注：

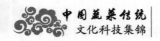

镜湖在浙江绍兴），可见在唐朝镜湖莼菜是闻名的，已供盛宴用。

晋代张翰以"莼鲈之思"闻名于文坛。他的诗云："吴江水兮鲈正肥……"，吴江水指出"莼羹鲈脍"是江南名菜，可见唐朝江苏吴江（太湖流域）盛产莼菜。

白居易诗："犹有鲈鱼莼菜兴，来春或拟往江东。"（注：江南地区。）

宋代葛长庚《贺新郎》诗云："已办扁舟松江去，与鲈鱼、莼菜论交旧。"可见宋朝松江仍盛产莼菜，鲈鱼闻名。

莼菜的营养丰富，含多种矿物质和氨基酸。其药效是：清热、利尿、消肿、解毒和防癌。

莼菜主供鲜食，味滑嫩鲜美。我国食用莼菜有悠久历史，在《齐民要术》、《食经》中都载有莼菜羹制法。其烹调方法一般与鱼作羹、肉汤、素食三类。莼羹鲈脍历来脍炙人口。

明清时期，江南水乡还盛产野生莼菜。以上海地区为例，《松江府志》、《云间志》（1193 年）载："华亭谷出佳鱼、蓴菜。"（注：松江古名华亭）。《上海县志》（1504 年、1524 年）、《松江县志》（1819 年）、《青浦县志》（1879 年）中都记载有莼菜。

但是，以后由于水域面积减少、水质劣变等，上海地区（包括江南其他地区）野生莼菜产地面积愈来愈小，其生长势愈来愈差。到 20 世纪 50 年代初，上海地区仅青浦、松江有零星野生莼菜，但以后又几乎绝迹了。

近代，杭州西湖莼菜是有名的。西湖湖底多泥炭土（俗称"香灰泥"）、水质又好，适于莼菜生长；但早期的西湖莼菜，仅限于著名景点 —— 三潭印月附近，它的面积毕竟太小了。

据民国初期有关资料记载："莼菜以三潭印月为其著名产地，唯因西湖游人众多，需要甚大；三潭印月一隅所产，不足供给。乃自附近肖山湘湖采之野生品以补充之。故西湖莼菜为量极微，不过徒载虚名；湘湖乃其真正产地也。"又载："莼菜为初次游西湖者必须尝试之菜，常作为汤食之，近来为便于携带与运输，多制罐头或瓶装，随时应用。"

八年抗日战争，西湖莼菜生产又遭破坏，西湖莼菜更"一去不返"了。

由上文可见，民国期间西湖莼菜已逐渐徒有虚名，其真正产地在杭州郊区。且当时莼菜已逐渐作为旅游礼品，这种情况，近期更甚。

21 世纪初，莼菜被国务院列入国家一级重点保护野生植物。江南地区种植的莼菜面积慢慢地恢复。

我国近代莼菜产地为江苏（江苏太湖东山镇辟 300 亩[①] 水域为太湖莼菜示范基地）、浙江（杭州郊区等地），但与历史相比较，近期莼菜种植面积还较小，产量也较低。

（二）

莼菜为睡莲科宿根水生草本植物，原产我国。莼菜的地下茎匍匐于水底泥中，茎上有节，每节上生 1 ～ 2 叶。叶为浮叶或潜在水中可供食用的卷叶。浮叶盾形，长 6 ～ 11 厘米，叶面绿色，光滑，叶背暗红色（或因品种不同）。叶柄长 25 ～ 40 厘米；水层越深，叶柄越长。卷叶及嫩茎包裹琼脂状胶质，品质越好。初夏开紫红色花。

莼菜每年谷雨至立夏节（4 月下旬至 5 月上旬，气温 20℃时），抽出的新梢最粗壮，叶上所附胶质最多。立夏至芒种节（5 月上旬至 5 月下旬，气温 24℃时），萌芽最盛，产量最高。处暑节（8 月下旬）开始，气温下降，萌芽力逐渐减弱，叶片制造的养分向地下茎积蓄。秋分节（9 月下旬）植株开始衰老。

莼菜喜温，不耐霜，气温升至 15℃时，地下茎开始萌芽；低于 10℃时，生长停止。不耐长期 5℃以下的低温。

莼菜生长要求湖底平坦、富含腐殖质深厚的污泥层，水层深一般以 0.5 ～ 1 米为宜。水深则茎肥而叶少，水浅则茎瘦而叶多。水质以流动澄澈

---

① 1 亩≈ 666.7m²

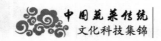

为宜，忌猛涨猛落，流速过急。如水质混浊，产品品质下降。莼菜又喜阳光，所以莼菜塘内不能有莲藕、茭白、蒲草、芦苇等水生植物遮荫。

莼菜自上古至近代虽都为野生，但随着食用消费的增加，古代已衍生出"人工繁殖"野生型莼菜。即春季采老塘中莼菜地下茎段，扦播于新塘的泥中，使其成活，以后仍为野生状。南宋陆游诗云："新种蓴丝已满塘。"说明最迟在南宋时已采用这种方式。

在北魏《齐民要术》中曾载有莼菜生产管理的方法。所以莼菜"人工繁殖、野生型"的生产方式，可能在北魏时已采用了。

由上述陆游诗，还可指出古代野生莼菜的生长势很旺盛。古代其他的野生水生蔬菜（如荇菜、菱等）生长也很旺盛，甚至妨碍游船通过或者垂钓。

随着历史的变迁，近代江南地区不仅野生莼菜生产面积愈来愈小，且生长势也愈来愈弱，当然，新种莼菜不会很快"满塘"，密度稀，产量下降。

大约在抗日战争前后，杭州郊区湘湖逐步开展莼菜人工栽培。上海青浦 1986 年开始人工栽培莼菜（塘田栽培等），面积一度达 8 公顷，且产量高，产品品质优良。近期在杭州郊区转塘，利用浅水河道栽培莼菜，供作商品生产。

（三）

莼菜是我国古代的水生蔬菜珍品，现代又发展成为旅游出口外销商品，莼菜栽培不仅要求产量高，更要求品质优良。

以下指出莼菜生产的科技要点。

1. 野生型生产

即使是"人工繁殖、野生型"莼菜生产，并非完全"靠天吃饭"。①要使用新种莼菜成功，首先要注意塘、湖的选择。最宜选水清的古塘或湖；如果选用新塘，则莼菜叶为绿色，但其所含胶质少。②应选用水清的塘、湖；如果塘中水混浊，莼菜的根株容易枯死。③注意水的深浅，水深则茎肥而叶少；水浅则茎瘦而叶多。④还须除杂草害、预防病虫。⑤精细采收（见下述）。

2. 人工栽培

人工栽培产量高，但难度较大，更应重视科技管理。除一般施肥、预防病虫害、除草害以外，栽培管理科技要点如下。

第一，注意水质，调节水层深浅，始终保持塘中流动清洁水；并根据生长阶段、季节、气候变化等条件，调节水层深浅。以青浦"塘田莼菜栽培"为例，萌芽期保持浅水层，水深 10 ～ 20 厘米；旺盛生长期逐步加深 50 ～ 60 厘米；高温期间灌深水以降温，水深 50 ～ 70 厘米，并使水不断流动；冬季保持水层深 50 ～ 60 厘米，以保温防冻。

第二，适时采收，增产优质。

不论是野生莼菜还是人工栽培的莼菜，适时采收是重要的环节。目前莼菜已成为高档蔬菜商品，适时采收，更为重要。

莼菜采收应做到"三抢"：①"抢"季节：莼菜的最佳采收期为 5 月下旬到 6 月中旬，应抓住有利季节，及时采收。②"抢"天气：应于天气晴朗、无风、湖水澄澈时，清早开始，抓紧采收。苏轼有"采莼正直艳阳天，……"诗句。③"抢"优良品质：采摘标准是新芽叶片卷合，叶长 1 ～ 2.5 厘米，叶缘内卷，充满胶质。如叶长为 2.5 ～ 3.5 厘米者，分别降为二、三级品。要求每隔 1 ～ 2 天采收一次。近代通过乘脚盆入塘采收。采收莼菜很艰苦，又费人工；必须由年轻力壮、刻苦耐劳的人去做。

在莼菜盛收期，每人每天可采 20 ～ 25 千克，一般每天约可采 10 千克。

莼菜采收后，宜当天食用，或浸水桶中，可保持 2 ～ 3 天。一般于采收当天加工制成袋装或瓶装保鲜。

（四）

莼菜卷叶和嫩梢作菜用，其地下茎含淀粉多，也可制馅。

我国以莼菜供食的历史悠久，《周礼》中载以莼菜作菹，为祭祖供品。

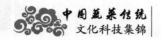

唐朝文坛有著名的"莼鲈之思"，涉及莼菜的美味。唐杜甫诗："滑忆雕胡饭，香闻锦带羹。"（注：雕胡是古代茭白米，锦带即莼菜）。宋朝司马光诗："莼羹紫丝滑，鲈脍雪花肥。"可见"莼羹鲈脍"为我国历代传统美食、至今还脍炙人口。

在《齐民要术》、《食经》中都载有莼羹的详细制法。

莼菜的营养及药效参见第八章第一节（二十九）。

（五）"莼鲈之思"

"莼鲈之思"闻名于中国历史文坛，也是中国蔬菜传统文化中的著名典故，它也使莼菜在中国历史上更著名了。

"莼鲈之思"是晋代张翰因为思念家乡的美食莼羹鲈脍，竟辞官回乡的一个典故。张翰字季鹰，江苏吴江人，在洛阳做官。根据《晋书》"张翰传"载："张翰在洛，因见秋风起，乃思吴中菰菜莼羹鲈鱼脍，曰：'人生贵得适志，何能羁官数千里，以要名爵乎'？遂命驾而归。"张翰辞官回乡时作诗云："吴江水兮鲈正肥，三千里兮家未归，恨难得兮仰天悲。"

这个典故被世人传为佳话，流传至今。从此"莼鲈之思"就成为游子思乡的代名词。

在唐诗中，以"莼鲈之思"的典故表达思乡之情的作品很多。例如，白居易《偶吟》中的名句（见本节上述）。皮日休《西塞山泊渔家》："雨来莼菜流船滑，春后鲈鱼坠钓肥。"崔颢《维扬送友还苏州》："长安南下几程途，得到邗沟吊绿芜。渚畔鲈鱼舟上钓，羡君归老向东吴。"元稹："莼菜银丝嫩，鲈鱼雪片肥。"等。

到了宋朝，对"莼鲈之思"的兴趣似乎更浓了，对张翰思乡美食辞官，有许多作品加以表扬。例如，辛弃疾《水龙吟》："休说鲈鱼堪脍，尽西风，季鹰归来。"苏轼诗："季鹰真得水中仙，直为鲈鱼也自闲。"欧阳修："清词不逊江东名，怆楚归隐言难明，思乡忽从东风起，白蚬莼菜脍鲈羹。"都借此书写思乡之情。陈绕佐诗：“扁舟系岸不忍去，秋风斜日鲈鱼香。”米芾诗：“玉破鲈鱼霜破柑，垂虹秋色满东南。”

中国的“莼鲈之思”，唐朝又传到国外，当时的平安朝（即现代的朝鲜和韩国）的郭珺嵯峨天皇，也仿唐诗写诗云：“韩江春晓片云晴，两岸花飞夜更明，鲈鱼脍，莼菜羹，餐罢酣歌带月行。”由这件事可见，中国蔬菜传统文化在唐朝已经影响到国外了。

从蔬菜园艺科技特点来看，上述唐诗宋词咏莼菜的内容，也反映了下述情况，即在唐、宋时期野生莼菜生长普遍且繁茂，其分布地区主要在江南，且当时人们已很重视烹调技艺，对莼菜的美味评价很高。

此外，又引出下列应该思考的一个谜团：莼菜和荇菜都是古老的诗经植物，古代水生蔬菜之珍品，但唐诗宋词中都盛赞莼菜的美味，却未见赞扬荇菜的风味，这也许是荇菜口味难以吸引我们吧！

在唐诗中咏荇菜（包括咏荇菜的生长 —— 水景）的诗很多，但未见宋朝诗人咏荇菜的，是否宋朝当地的荇菜生长已经开始衰退了呢？

摘　要

1. 莼菜为我国自古食用的野生水生蔬菜珍品，最早载于《诗经》。

2. 江南水乡自古盛产莼菜和鲈鱼。松江产鲈鱼尤为闻名。

3. 莼菜和鲈鱼为我国历代文人所青睐，仅唐宋间即吟咏大量诗词。唐代张翰因思念家乡莼羹鲈脍美食罢官归里，此即闻名文坛的“莼鲈之思”，本文简介有关诗词。

4. 目前莼菜与四鳃鲈鱼都已成为“濒危”物种，希望有关方面予以重视，保护与抢救及发展，免踏荇菜灭绝覆辙。

5. 本文“鉴古论今”，指出当代“莼鲈之思”除“乡恋”（主要是老人）以外，应着重于积极抢救“频危”的莼菜与四鳃鲈鱼，并予以发展。

6. 抢救莼菜之途是发展人工栽培，本文着重探讨这方面有关技术等问题。

7. 抢救四鳃鲈鱼之途，是发展人工扩繁或人工养殖。

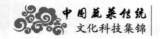

第三节　古茭白科技史话

（一）

茭白是我国著名的特产水生蔬菜。自上古食用，但当时食的是野茭白。它的古名很多，有菰、苽、菰手、菰首、蘧蔬、蒋草、雕胡等。俗名为茭白笋、茭笋、茭瓜等。茭白的根部交结，故称茭，供食用的嫩茎洁白，故名白。

中国古书中有关茭白的记载较多，《尔雅》、《礼记》、《齐民要术》等都有记载（参见第一章第三节）。

《广雅·释草》（公元前300～公元前200年）载：菰，蒋也，其米谓之雕胡。古代把菰米作为六谷之一〔六谷是秫（即稻）、黍、稷、粱、麦、苽〕。唐朝以前菰米是珍品，非平民得以食用。但菰米成熟期迟、易脱粒、产量低。宋元以后就逐渐失去食用价值以至绝迹。诗圣杜甫有赞扬菰米美味的诗（详见下述）。

晋曹洪《西京杂记》（公元5世纪）记述西汉皇宫太液池内生长着"蘧之有首者"，指的是原始型野茭白。

茭白是禾本科多年生宿根水生植物，原产我国及东南亚。它在我国分布很广，但主要产区为长江流域和华南水泽地带，尤其以无锡、苏州及上海青浦为著名产地。

（二）

作为蔬菜的茭白，其食用部分是肥大的嫩茎。当它抽苔时，因受黑粉病病菌的侵入，刺激其细胞增生，而形成畸形肥大的嫩茎。这是一种变态，非茭白本身的正常生长，但却符合人工栽培的需要。此外，还需要使这种特性稳定下来，这就要经过长期人工培育。经过选种、无性繁殖，使这种茭白抗病性较弱，黑粉病病菌能始终相随，历代长期感染，才培育成能长期形成茭白嫩茎的优良品种。当然良种还要有良法，要因地制宜、掌握栽培技术。

茭白抽苔时，茎的先端几节畸形膨大成肥嫩洁白的肉质茎，俗称"茭肉"，长约 25 厘米。形成"茭肉"的过程称为"孕茭"。能孕茭的茭白株俗称"真茭白"或"正常茭"。如果侵入茭白体内的黑粉病病菌活动特别旺盛，而使茭肉部分全部变为黑色粉末状，便成为"灰茭"，无食用价值。如果茭白株未受黑粉病病菌侵入，或此菌菌丝体的生长受到抑制，则茭白植株正常开花，但不"孕茭"，成为"雄茭"，也无食用价值。

所以茭白栽培的要点是使它能孕茭良好，避免产生"灰茭"或"雄茭"。

民国时期到新中国成立初期，上海郊区水乡或南京玄武湖等地区，还有零星生长的野茭白，它的茎细小，对黑粉病病菌的抵抗力强，能开花，其嫩茎也能伸长，不会肥大，但仍可采收供食用。这就是摊贩出售的"茭儿菜"，它的供应期较短，但上市期较早。

（三）

晋代《西京杂记》记述："菰之有首者，谓之绿节。"它就是原始型茭白。由原始型茭白（菰）演变进化成为可作菜用的茭白，需经漫长的过程。约在春秋战国时期，就有人发现菰可作为粮食充饥。据笔者分析，大约从汉代开始，我国已进行茭白人工栽培。

在这数千年的历史过程中，农民及学者们竭尽心力，不断探索茭白的栽培、选种技术。首先是摸清茭白形成的原理，在此基础上，再探索有关技术。终于提出一整套具有中国特色的茭白栽培技术，并育成系列良种，获得质优产高的茭白。

古人韩保昇观察茭白的生长特性，记述："菰根生水中，叶如蔗荻，久则根盘而厚。夏月生菌，堪啖。三年者，中心生白苔，如藕状小儿臂，而白软，中有黑脉，堪啖者，名菰首也……"陈藏器和晋张翰思也作有关菰的多方观察和记录，这些文典都为今后茭白栽培技术奠定基础。

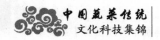

宋药物专家苏颂（1020～1101年）详细总结茭白的栽培方法，如何使其孕茭、避免灰茭之途，并记述："其根亦似芦根……削去其叶，便可耕莳。……种法：宜水边深栽，逐年移动，则心不黑；多用河泥壅根，则色白……"

唐宋前后古书中，刊载有关茭白发展的材料不少。由此可见，唐代茭白栽培很广，甚至黄河中下游地区亦多产茭白。到宋朝（尤其是南宋）茭白生产大发展，选种及栽培技术显著提高。

隋朝大业中（公元605～618年）："吴郡（苏州）献菰菜蕻两百斤……味鲜嫩，和鱼肉甚美。"

宋吴自牧《梦果录·菜之品》（1206年）记述，当时杭州有茭白出售。可见唐宋时期苏杭地区产茭白已成为商品蔬菜行业。"野生茭白经过长时期选育，终于在南宋、江南水乡被育成供作菜用的茭白笋"，胡道静考证（1962年）。

明朝上海名仕徐光启所著《农政全书》中载："茭白菜，生长底，苦芦芽，胜蔬米，我欲分饥采不能，满眼风波泪如洗。救饥，入夏生水泽中，即茭芽也，生熟皆用。"徐光启注意到野茭白的救荒作用，惠民于苦难之际。

近代文学家施蛰存教授（1905～2003年），松江人。在他的著作《云间语小录》[该书为专门记述松江（古称云间）乡土风情的小品集]中提及茭白，记述："昔上古三代，皆在河洛之间，而秦汉以降，河与太泽仍满布中原，菰和荇菜也多……"又云："吾松茭白，初无所异，且昔时经济价值不高，菜农所不贵，几乎野生。多空心者、灰斑者。近年农艺大有进步，虽小蔬亦培植不遗余力。迩来所产，殊为甘美，始不负江东步兵眷眷之意。唯菰实谓之菰米，又曰雕胡，可以作饭，亦频见于骚诗，则今所不闻也。"老教授对乡梓名特产"松江茭白"的欣赏与关心，实属难得。

最后谈谈茭白的营养及食用。在鲜嫩的茭白笋中，有氨基酸的存在，且含有较多的碳水化合物、膳食纤维、钾等矿物质及维生素，故口味鲜美，营养价值较高。

它自古以来为国人所喜食,古时尤喜茭白炒鱼片。如上所述《礼记》云:"鱼宜苽。"隋代古书也记:"……和鱼肉甚美。"直到今天这味名菜还是"脍炙人口"。其他食用烹调方法还有很多。清朝文学家袁枚著《随园食单》介绍不少茭白的烹制方法。至于菰米虽口味不错,曾闻名于历史,但早已消失了。

（四）

唐宋诗人咏茭白的颇多,众多例句如下。

白居易《江南喜逢萧九撤囚因话长安旧游戏赠五十韵》:"红叶江枫老,青芜驿路荒。野风吹蟋蟀,湖水浸菰蒋。"

杜牧《早雁》:"须知胡骑纷纷在,岂逐春风一一回。莫厌潇湘少人处,水多菰米岸莓苔。"

张泌《洞庭阻风》:"空江浩荡景萧然,尽日菰蒲泊钓船。青草浪高三月渡,绿杨花扑一溪烟。"

杜甫《秋兴八首（其三）》:"波飘菰米沉云黑,露冷莲房坠粉红。"

从上述四首诗可见:①唐代在长安洞庭湖等湖泊中多生茭白（菰蒋）。湖宽浪高,但在湖边尚多茭白丛生;②唐代还有"菰米",可供食用;③茭白常与蒲草生长在一起。所以古诗中常把"菰蒲"两字并用,另外也说明茭白和蒲草生长习性相似。

下面几首诗讲到茭白的食用价值、生长情况及经济收益等方面的内容。

杜甫:"滑忆雕胡饭,香闻锦带羹。""锦带",蓴之别名,见《本草纲目》注中引用杜句。

苏轼:"乌菱白芡不论钱,乱丝青菰裹绿盘。"水边野菜丛生,采之不尽,口味鲜美,受众欢迎。

陆游:"稻饭似珠菰似玉,老农此味有谁知?"又在《食荠》中吟道:"……传夸真欲嫌荠苦,自笑何时得菰肥。"放翁晚岁退居家乡过隐逸生活,与农

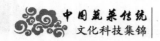

为邻，知农悯农，随遇而安，稻菰视似珠玉，荠苦菰肥在所不计，吐露心声，真切动人。

第四节　名特蔬菜种质资源

一、芸薹（油菜）

芸薹别名油菜，它是白菜型油菜。我国自古栽培，供作油料，兼做蔬菜。江南地区栽培的芸薹尤广且久。近代江南地区很多"地方志"的蔬菜中，都载油菜。例如，《崇明县志》（清雍正五十五年，1727 年）、《川沙县志》（清光绪五年，1879 年）、《上海县志》（1936 年）都载油菜。《嘉定县志》（清光绪六年，1880 年）载"芸薹"（油菜）。直到新中国成立初期的《上海蔬菜品种志》中还有油菜。

但是，此后，由于胜利油菜（甘蓝型油菜）的引进，并迅速扩大栽培，芸薹在我国就很少栽培了，在有些地区中，似乎绝迹了。

从植物学方面看，芸苔属是十字花科蔬菜中最重要的一个"属"。白菜类、甘蓝类的许多蔬菜都归于芸薹属。作为种质资源，中国的芸薹（油菜）对世界早期蔬菜曾作出重大的贡献。芸薹于汉朝传至日本，16 世纪传至欧洲。由芸薹演变成为白菜及大白菜（结球白菜），它俩在中国国内或国际上，都是重要的蔬菜。

芸薹的形状原来与白菜相似，但与现代的商品白菜比较（以上海地区的青菜为例），也有一些区别。现代市售的商品白菜，很注意其外观美。例如，菜头要大、株形要稍矮、叶柄要宽而肥厚，有时株形还要"束腰"状等。但芸薹的形状不讲究这些，它的植株一般稍高，叶柄较狭且薄，总之，它的外观不美。

芸薹是白菜型油菜，和一般白菜相似，它易感染霜霉病和病毒病等。江南地区春季多霪雨，易引起霜霉病。近年来病毒病又日益严重，它的产量也就更低了。

与胜利油菜（甘蓝型油菜）比较，芸薹的生长势弱、产量低。

尽管芸薹有上述的缺点，我们仍不能忘记芸薹在植物学与蔬菜园艺学上的重要地位，与它曾做出的重要贡献；我们应该重视与妥善保存这份珍贵的种质资源，并加以扩大利用。

对蔬菜而言，也应注意其风味。一般商品白菜外观虽美，但其口味往往清淡。芸薹的口味清香，且柔软质"糯"，食后令人难忘。芸薹的外观虽不美，但其口味远胜于目前的白菜类。所以从风味来讲，芸薹也是很有价值的传统蔬菜资源。

二、山药

别名：薯蓣；古名：薯蓣（药）、薯藇；地方名：薑薯、白苕、脚板苕、藷头、玉延、佛掌藷、山薯等。

山药原名薯蓣（注：现代我国有的书籍中，仍称山药为薯蓣），据《本草纲目》记载："因唐代宗名蓣，改为薯药；又因宋英宗讳薯，改为山药。

山药在我国供食用及栽培的历史悠久。《山海经》（公元前770～公元前256年）载："景山北望少泽，其草多薯藇。"西晋《南方草木状》（公元3世纪）中有关于薯蓣栽培及供食用的记载。唐代韩鄂著《四时纂要》中载有山药种薯切段栽培及制淀粉法。

山药是薯蓣科薯蓣属植物。我国的山药栽培种属亚洲群。有两个种，一个种是田薯，原产我国热带地区（福建、广东、台湾等省）及东南亚。另一个种是普通山药，原产我国亚热带地区，至今仍有野生种。

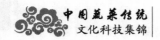

山药为宿根多年生蔓性植物，其蔓每年冬枯死，其根茎部也年年新陈代谢，渐次肥大。夏季叶腋间生小球块，称零馀子（俗名山药蛋），可供繁殖或食用。地下有肥大的肉质块茎，可供食用。其形状因品种不同，差异很大，如鞭状、板状、掌状、球形、不正兴块状等。有的一年中生长可长达 1m 多的。肉为粉质，含淀粉多，肥大的块茎耐藏、耐运。

我国栽培的山药品种有以下两种

（1）普通山药。又名家山药，块茎圆形而无棱翼。有三个变种：①扁块种：似脚掌，如江西上高脚板薯、重庆脚板苔芋。②圆筒种：如浙江黄岩薯药、台湾圆薯。③长柱种：块茎长 30～100 厘米，如河南慢山药、山东济宁米山药。

（2）田薯。又名大薯，块茎为多角形，且有棱翼。有三个变种：①扁块种：如广东葵薯、耙薯、福建银杏薯。②圆筒种：如台湾白圆薯、广州早白薯。③长柱种：如广州黎洞薯等。

江南地区明清时期的蔬菜种类中，常有山药及黄独。

黄独（*Dioscorea sativa* L.）或（*D. bulbifera* L.）或称零余子、山药，为小型山药类。《农政全书》中有记载："圆如鸡卵，肉白，皮黄，又名：土豆、山芋。"

种薯可以用零余子播种繁殖，生活力较强。也可用块茎，切块繁殖。

山药肥大的块茎富含蛋白质及碳水化合物，可作菜用或代粮，干制为滋补品。野生种宜入药、性甘平。健脾胃、补肺肾。主治脾虚久泻、遗精、劳热、喘咳等。

我国传统山药的烹调方法很多，参见第六章第四节。

三、苦瓜

别名：锦荔枝；古名：红姑娘；地方名：癞葡萄、癞瓜、凉瓜、君子菜、癞蛤蟆（广东）。

元代《宫殿记》："棕毛殿前有鲜果，名红姑娘。外垂绛囊，中含赤子，甜硕可食。种出南番。"

清代学者屈大军（1630～1696年）在《广东新语》中写道：苦瓜，"一名'君子菜'。其味甚苦，然杂他物煮之，他物弗苦。自苦而不以苦人，有君子之德焉"，故称"君子菜"。

苦瓜在元代后期明代初期由东南亚传至广东、福建。广东人陈大震和吕桂孙的《南海志》中曾载有苦瓜干。苦瓜因它的外皮上有许多瘤状物，故俗名"癞蛤蟆"。苦瓜的美名是"红姑娘"。因为它老熟后，瓜瓤呈红色。有的地方方言中，"瓜瓤"与"姑娘"很相似，因此谐音称苦瓜为"红姑娘"。

《救荒本草》、《农政全书》及《本草纲目》中都载有苦瓜。

苦瓜喜高温，主要在我国南部栽培。它也可用作庭园观赏栽培。

苦瓜有白皮、绿皮等品种。果中富含营养，其药效参见第八章第一节（二十五）。

四、蔓菁（芜菁）

古名：葑、菁、菘；别名：芜菁、诸葛菜、九英菘；地方名：圆根、盘菜、大头菜、窝儿蔓。

芜菁属十字花科芸薹属一、二年生草本植物（注：植物学上与白菜同一属）。以肥大的肉质根食用，供作蔬菜，也可代粮或作饲料。

芜菁是世界上古老的蔬菜，古希腊、埃及人已经食用。中世纪时，欧洲普遍栽种，尤其是法国及北欧诸国。以后，一直到马铃薯（土豆）传入，芜菁在国外食用的地位渐渐降低。

中国人也自古食芜菁。在古书中有很多记载。《尔雅·释草》载："须、葑、苁。"郭注云："葑，蔓菁也。又江东呼为芜菁或为菘"。在《诗经》中咏芜菁的诗句多，例如，"采葑采葑，首阳之东"（《唐风·采苓》）。《尚书·禹贡》载："荆州包甄菁茅。"郑注云："菁，蔓菁也"。所以芜菁在我国食用已有3000多年历史。我国上古时代食用的是野生芜菁，以后逐渐栽培芜菁供食。《吕氏春秋》载："菜之美者，具区之菁。"（注：具区，泽名，在吴越之间）。菁，菜名。可见我国古人爱食芜菁。

我国古代重视祭祖，芜菁腌渍后作菹，作祭祖供品。《周礼·天官下》载："朝事之豆，其实菁菹。"（注：豆，供品之盛器。菁、芜菁。）

芜菁在古代生活中，很重要的作用是代粮食，救荒充饥。《东观汉记》载："桓帝永兴三年（公元 154 年）诏司隶，蝗水为灾，五谷不登，令所伤郡国，皆种芜菁，以助民食。"

《群芳谱》："……深山中人每种三百六十本芜菁，日食一株，不妨绝粒。"（注：不愁断粮）。袁滋《云南记》"……界缘山野间有菜，大叶而粗茎，其根若大萝卜，土人烹煮其根叶而食之，可以疗饥。名之为诸葛菜云。"

又据刘宾客《嘉话录》云："公曰诸葛，所至令兵士独种芜菁"。

芜菁的形态和萝卜颇相似，肥大的肉质根为扁圆、圆锥形等。皮色白，或上部白，下部黄、紫、红等色，肉质根柔嫩致密。营养丰富，干物质含量高。肉质根供煮食、腌渍等，风味远胜萝卜。叶也可腌渍食用。芜菁种子中的含油量较高，所以也可作为油料作物栽培。

芜菁和萝卜形态上最大的差异是花的颜色。芜菁的花是黄色；而萝卜的花为白色、紫红色。

芜菁有药效，据《医经》载："常食通中下气，有止渴利五脏，解面毒，令人肥壮等效。"

古代我国西北、西南云贵等山区及华北芜菁栽培较广。因气候适宜，生长良好。直至近代，西南的一些山区，还多种芜菁，仍称为"菺"，作为美食，并供不时之需。

上海等沿海地区，直到清朝还种芜菁，《松江县志》（清嘉庆二十四年，1819 年）、《川沙县志》（清光绪五年，1879 年）的蔬菜种类中，都载有芜菁，且仍称它为"诸葛菜"。

但是到民国时期，当地很少再种芜菁了。只是 20 世纪 50 年代左右、上海郊区曾生产盘菜（为温州芜菁的著名品种），但是不久就消失了。

芜菁在东南沿海地区（尤其是城市郊区）栽培，容易发生病毒病。

芜菁留种时，很容易和白菜、大白菜自然杂交(俗称"串花")，引起品种劣变。必须强调隔离留种。

我国芜菁的著名品种为河南焦作芜菁、温州盘菜、山东安丘猪尾巴芜菁、菏泽菜籽芜菁、张家口紫芜菁等。

五、襄荷

别名：苴蓴、襄[草、嘉草、蘁菹、甘露子。

襄荷为襄荷料姜属的宿根植物，以花蕾及嫩茎供作菜用。有芳香，可作香辛调料。原产我国南部及日本。我国历史书上记载较多。《楚辞》载："茈姜襄荷。"东汉张衡的《南都赋》载:"蓼蕺襄荷。"晋潘岳的《闲居赋》载"襄荷依阴。"唐代名医孙思邈论述襄荷的药性和医疗作用。《本草纲目》载襄荷颇详。

襄荷的叶形似姜叶，夏季自根际抽生花蕾。我国古代襄荷是野生的，直到现代，我国仅南部少数地区的农村中，有零星襄荷栽培。在上海地区《崇明县志》（清雍正55年，1727年）的蔬菜种类中曾载有襄荷。

在日本，襄荷（又名"茗荷"）栽培较普遍。

襄荷喜温暖湿润的气候，潮湿的土地。常利用树荫、墙侧或棚架下栽培。也可行软化栽培［注：软化栽培是一种特殊的蔬菜栽培方法。即利用人为保护遮光措施（如培土、窑洞内、黑色薄膜覆盖等），在适宜的温、湿度下，依赖蔬菜本身贮藏的养分，避光条件下生长］。这些蔬菜可说是不形成叶绿素，且纤维素减少；呈黄、黄白等色，组织柔软，食味鲜美。例如，韭黄、蒜黄、葱黄等都是经软化栽培产生的佳蔬。

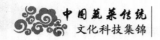
六、荇菜兴灭历史考证

—— "诗经植物" 之一 ——

（一）

荇菜是我国自远古就食用的野生水生蔬菜。《诗经·周南·关雎》载："参差荇菜，左右流之。""参差荇菜，左右采之。窈窕淑女，君子好逑。"其大意是在溪水中前后漂着疏密丛生翠绿的荇菜，一位人见人爱的少女正聚精会神采摘荇菜的妙手，她采摘的珍品，是供祭先祖之用。中华民族自古就重视祭祖行孝。采荇少女需具备"关雎之德，乃能供荇菜"。荇菜可作祭品，身价之高也可见。它具有鲜美润滑、清爽可口的风味。

唐诗咏荇的作品不少，举例如下。

王维《清溪》："……漾漾泛菱荇，澄澄映葭苇。"描述当时陕西关中地区的清溪中，水波粼粼，水面上漂浮着鲜嫩繁多的菱和荇菜，岸上则是丛丛芦苇随风西东，倒映入水中……

崔湜《题唐都尉山池》："……雁翻蒲叶起，鱼拨荇花游。"诗意是成群秋雁飞起，翻动了湖面上的蒲叶；鱼群游弋，摇动了荇菜美的花朵……总之，说明唐代湖泊中荇菜随处可见，引起诗人种种幽美美的歌声。

吴南浩《水楼感事》："……满湖菱荇东归晚，闲倚南轩尽日愁。"他说满湖的菱和荇，在日上三竿以前已被采收归来，我倚在南轩，看着他它们忽然感到光阴如箭而发愁。

来鹏《清明日与友游玉塘庄》："几宿春山逐陆郎，清明时节好风光，归穿绿荇船头滑，醉踏残花屐齿香。"他说清明时节乘小船陪陆姓友人游山玩水，归途中船需穿过一片密集的荇菜，因此激起点点水花，湿润船甲板，脚下打滑，步步留神。在踏过荇菜残花的木屐齿上，也留下丝丝幽香。可见当时荇菜生长很茂盛，骚人墨客爱荇之心处处流露。

李涉《汉代》："……荇密妨垂钓，荷欹欲渡桥。"意思是湖中荇菜生长茂盛，因此钓鱼受到妨碍。荷叶在偏西的阳光中一片平坦，让人想起它可以是一座可渡过水的桥。

以上举例主要说明，当时黄河中下游溪湖中野生荇菜生长普遍且茂盛，随手可得。

我国自周秦至唐，都有荇菜的记载，黄河流域虽有分布，但江南水乡尤多。据《尔雅·释草》（公元前 300～公元前 200 年）载："荇……江东食之（江南地区食用）。"

明代松江名士陈继儒（号眉公）所著《岩栖幽事》载："吾乡荇菜，烂煮之，其味如蜜，曰'荇酥'。"由此可见，明朝末期，荇菜还盛产于松江一带的江南水乡，并被视为珍品食用。施蛰存教授（1905～2003 年）著《云间语小录》（专门记录家乡松江风土的小品集）载有荇菜，并说："昔上古三代，皆在河洛之间，而秦汉以降，河与大泽仍满布中原，菰（茭白）和荇菜也多。"由此可见直到清代末期，荇菜仍是松江一带江南水乡的"看家菜"。但随着时代的变迁，现在江南水乡民众不知荇菜为何物，更不知它曾是远近古代的名特产品。

（二）

荇菜（*Nymphoides peltatum* Brief.et Bend）又名荇、莕；古名：接余，俗名荇丝菜。龙胆科荇菜属多年生草本，浅水性植物。

《辞海》"莕菜"：叶圆，心脏形，有长柄，浮水面，缘边略有锯齿，稍呈波状，表面绿色，里面微紫，与蓴略相似；惟近叶柄处缺刻为异。夏日，叶腋抽花轴。伸出水面。花小，瓣五裂、色黄、嫩叶可食。名见《本草纲目》（注：荇菜的嫩茎亦可食用，嫩茎及嫩叶外附透明胶质，故润滑味鲜美）。

李时珍谓："荇与莼菜一类二种也，叶似马蹄而圆者，莼也；叶似莼而微尖长者，荇也。"

《齐民要术》载："荇……以苦酒浸之为菹（酱），脆美可案酒。"

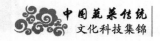

随着历史的演变，荇菜的产区越来越小，食用者越来越少。大约到清朝末期，它在我国水生蔬菜中已渐绝迹。甚至现代我国蔬菜园艺专家也不知何谓荇菜！

我国近代最早的蔬菜园艺书籍——《蔬菜园艺学》（吴耕民，1946），其内容中没有荇菜。

1987年版的《中国蔬菜栽培学》是我国当前蔬菜园艺的权威著作，该书"水生蔬菜"章中也没有荇菜内容，仅在"我国固有的蔬菜历史"一段中，述及秦汉时有荇菜；又水生蔬菜章的"注解"中述："茆"（莼菜古名）与荇菜相似。

西北农学院酆裕洹教授著《公元前我国食用蔬菜的种类探讨》（1960年版）指出，我国远古食用荇菜，并予以浅释。

王化主编《上海蔬菜种类及栽培技术研究》（1994年版），"上海地区蔬菜种类及发展演变历史"一节中，明确指出明朝到清朝中期，上海地区的水生蔬菜种类有荇菜等九种，并对荇菜的历史及形态作浅述。该书还指出《松江府志》载："荇似莼，粉作糕"（它的地下茎富含淀粉，可制糕）。在《松江县志》（1879年）、《青浦县志》（1879年）记载的蔬菜种类中都有"荇"。该书还指出约从清朝末期开始，上海地区的水生蔬菜种类及种植面积减少，这时，荇菜已经在上海地区的水生蔬菜中消失了。

上海市的园艺研究人员曾对当地蔬菜种类（包括水生及野生蔬菜）进行初步调查，没有发现荇菜，也未闻当地农民忆及荇菜。荇菜灭绝于蔬菜领域，应引起国人警惕与深思。

（三）

在我国植物学界或文学界中，还有个别单位或少数人士，仍念念不忘荇菜这个古老的"诗经植物"，并千方百计想把这个濒临灭绝的珍贵物种抢救出来。

2011 年，西安市举办的世界园艺博览会中，有"诗意长安园"。其中展出的"诗经植物"首指荇菜，对赞扬它的生动古诗句加以浅析。在其宣传版面中，登载荇菜花的照片。

2012 年 11 月 4 日，上海新民晚报，陈建君"俯察品类之盛 —— 浅析古诗文中的若干植物"提到的第一种植物也是荇菜。

荇菜和莼菜在植物学上属不同的科（莼属睡莲科，荇属龙胆科）。但两者在形态、生长习性甚至食用等方面，都有很多相似之处，且都是古老的"诗经植物"。荇菜的文化蕴藏并不亚于莼菜，但是荇菜在我国近代逐渐消失，而莼菜自古至今都被国人视为蔬菜中之珍品而保存。这个谜团有待后人探索。至于如何抢救已临消失的荇菜，让它重新受到品味，更应该重视且是很艰巨的工作。

最后，还需指出，近代我国有些地区水生蔬菜的种类日渐减少，水生蔬菜种植面积也越来越小了，甚至引人垂涎的莼菜也被列入"濒危物种"。

2019 年，北京将申办国际园艺博览会，应该强调使荇菜这种古老珍贵的"诗经植物"，能上博展怒放其绚丽的异彩，让中国古老蔬菜文化再次熠熠闪光。

参考文献

辞海，中华书局出版，中华民国 26 年
鄾裕洹 .1960. 公元前我国食用蔬菜的种类探讨 . 北京：农业出版社 .
唐诗三百首 .
王化等 .1994. 上海蔬菜种类及栽培技术研究 . 北京：中国农业科技出版社 .
文汇报，新民晚报
元结，殷璠，等 .1958. 唐人选唐诗 . 上海：上海古籍出版社 .
中国农科院蔬菜所 .1987. 中国蔬菜栽培学 . 北京：农业出版社 .

摘　　要

1. 荇菜是龙胆科荇菜属浅水性宿根植物，其形态与生长习性和莼菜相似（见《本草纲目》）。

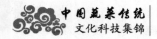

2.荇菜是我国自古食用的野生水生蔬菜，最早载于《诗经》。

3.唐朝中原地区也盛产荇菜，载于王维《清溪》等多首唐诗。

4.松江等江南地区自古至明、清朝盛产荇菜（松江称"荇酥"）。明朝松江名士陈眉公、当代施蛰存教授的著作中都讲到荇菜。

5.明、清（中期以前）上海地区"地方志"蔬菜中都载有荇菜，但清朝末期荇菜灭绝于蔬菜领域。

6.我国近代有些蔬菜园艺巨著内容中竟无荇菜，荇菜灭绝后，又未引起园艺界重视，实属遗憾。

7.石声汉教授著作中，指出我国远古时有荇菜。王化等《上海地区蔬菜种类及栽培技术研究》指出，当地明、清时代有荇菜。

8.西安世界园艺博览会（2011年）曾展出有关荇菜史料。

第五章

蔬菜古诗话

引　言

我国古代咏蔬菜的诗载于《诗经》中的较多，已在上述有关各节中引用，不再重复。故本章内容以唐宋诗咏蔬菜为主。

在其他几章中已分别讲到蔬菜的栽培及食用、营养等方面，这些当然是蔬菜生产及其产品价值的重要部分，其实蔬菜对人类的贡献并非局限于食用，文化是人们生活中的一个重要组成部分，也不可轻视蔬菜植物在人们的文化生活中所起的作用。

在大自然环境中，生长着多种多样的蔬菜植物，它们发挥了美化、精华大自然环境的作用，从而也引起诗人墨客的欣赏与赞扬。我国历代诗人墨客赞扬大自然中的多种蔬菜植物，写下不少吟咏蔬菜的著名诗文，传诸后人，启发后人去欣赏大自然之美，教育后人，从而更丰富人们文化生活内容。

以下举例加以说明。

杨万里诗："接天莲叶无穷碧，映日荷花别样红。"使人饱览炎夏河湖风光以消暑。

王维咏陕西《清溪》诗："漾漾泛菱荇。澄澄映葭苇。"多么优美的山

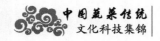

村秋景。"镜中有浪动菱蔓，陌上无风飘柳花。"令人宁静，坐观大自然中菱和柳的动态。"最怜秋满疏篱外，带雨斜开扁豆花。"赞美秋风冷雨中，扁豆挣扎开花上爬的精神，鼓舞人们前进。"城中桃李芳菲尽，春在溪头荠菜花。"桃李花虽然凋残，但不起眼的荠菜花却为人们"留住"大好春光。

又《爱莲说》中："余独爱莲之出于污泥而不染，……莲，花之君子者也。"教育人们应该学习莲的精神，树立廉洁高尚的品德。

以上虽然只是举几个例子，却深刻地反映中国蔬菜优秀传统文化的精英。以下再详细介绍古诗咏蔬菜。

一、唐宋诗咏莲荷

莲、藕、荷是同一物，是莲或荷的不同器官 —— 果、根茎、花。莲属睡莲科宿根水生植物，它是古老的水生蔬菜（或花卉）。

莲荷在《诗经》、《楚辞》、《庄子》等古籍中都有记载。古名为芙蕖、芙蓉等。其雅名为凌波仙子、君子花等。

唐、宋时期在黄河中下游等地，莲荷生长很普遍，是最主要的水生蔬菜，诗人吟咏它的也最多。他们分别通过以下几个方面吟咏赞扬。

（1）赞扬莲荷的高雅，并对其整个生长过程详细的观察描述。

唐白居易《东林寺白莲》："东林北塘水，湛湛见底清。中生白芙蓉，菡萏三百茎。白日发光彩，清飙散芳馨。泄香银囊破，泻露玉盘倾。我渐尘垢眼，见此琼瑶英。乃知红莲华，虚得清净名。夏萼敷未歇，秋房结才成。"

（2）通过咏莲以欣赏、赞美大自然（包括不同季节和场合）的景色，当然诗中也夹着作者的各种感怀。

宋杨万里《晓出净慈寺送林子方》："毕竟西湖六月中，风光不与四时同。接天莲叶无穷碧，映日荷花别样红。"

唐孟浩然《夏日南亭怀辛大》："山光忽落西，池月渐东上。散发乘夜凉，开轩卧闲敞。荷风送香气，竹露滴清响。"

宋李重元《忆王孙·夏词》："过雨荷花满院香，沈李浮瓜冰雪凉。"

唐韦庄《秋日早行》："上马萧萧襟袖凉，路旁禾黍绕宫墙。半山残月露华冷，一片秋风莲萼香。"

唐吴南轩《秋塘晓望》："钟尽疏桐散曙鸦，故山烟树隔天涯。西风一夜秋塘晓，零落儿朵红藕花。"

（3）不同水生蔬菜"共聚"或共生一处，欣欣向荣地成长，但也引起有些诗人感叹时局。

唐李贺《绿水词》："东湖采莲叶，南湖拔蒲根。"

唐李涉《汉代》："荇密妨垂钓，荷敧欲渡桥。"

唐杜甫《秋兴八首（其三）》："昆明池水汉时功，武帝旌旗在眼中。织女机丝虚月夜，石鲸鳞甲动秋风。波飘菰米沉云密，露冷莲房坠粉红。关塞极天惟鸟道，江湖满地一渔翁。"杜老欣赏湖水中的莲与菰，但也联想起昆明池水，盛唐武功，目前关塞极天已不再，唯鸟道的冷落时局。

（4）水鸟与莲共乐。

唐韩偓《曲江秋日》："斜烟缕缕鹭鸶栖，藕叶枯香折野泥。"

唐雍陶《鹭鸶》："双鹭应怜水满池，风飘不动顶丝垂。立当青草人先见，行傍白莲鱼未知。"

（5）莲塘湖河中，必有莲舟、渔舟、游船从中穿过，悠闲静谧，时而有美妙歌声……湖光山色、自然之美、人情乐趣，均收入诗人笔中。

唐王维《山居秋暝》："空山新雨后，天气晚来秋。明月松间照，清泉石上流。竹喧归浣女，莲动下渔舟，随意春芳歇，王孙自可留"。

唐王昌龄《采莲曲（其二）》："荷叶罗裙一色裁，芙蓉向脸两边开。乱入池中看不见，闻歌始觉有人来。"

唐白居易《池上》："小娃撑小艇，偷采白莲回。不解藏踪迹，绿萍一道开。"

唐刘方平《采莲曲》："落日晴江里，荆歌艳楚腰。采莲从小惯，十五即乘潮"。

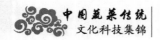

唐贺知章《采莲曲》:"稽山罢雾郁嵯峨,镜水无风也自波。莫言春度芳菲尽,别有中流采芰荷"。

唐杜甫《陪郑公秋晚北池临眺》:"采菱寒刺上,踏藕野泥中。"(注:此诗为采收藕及菱的写景。)

(6)文人雅士及士大夫隐退田园,赏荷、种荷清逸生活的写照。

唐郑常《寄常逸人》:"羡君无外事,日与世情远,地偏人难到,溪深鸟自飞。儒衣荷叶老,野饭药苗肥。……"

唐皇甫冉《题斐二十一新园》:"开门白日晚,倚仗青山暮。……穷年常牵缀,往事唯沦误。唯见藕耕人,朝朝自来去。"

(7)莲子。

唐温飞卿《织锦词》:"丁冬细漏侵琼碧,影转高桐月初生。……象齿熏炉未觉秋,碧池已有新莲子。"

(8)评莲、话莲。

宋周敦颐《爱莲说》:"予独爱莲之出淤泥而不染,濯清涟而不妖。中通外直。不蔓不枝,香远益清,亭亭净植,可远观而不可亵玩焉。……莲,花之君子者也。……莲之爱,同予者何人?……"

评:此篇"笔意超逸,斯为见道之文"。本意在追求、仰慕"出淤泥而不染"的品格。花无意识,亦无"品格",然而有幸遇见了哲人濂溪先生(注:周敦颐)为其所爱,从而自宋以来擢为"君子之花"。

李渔《芙蕖》:"……其可目,有风既作飘摇之态,无风亦呈婀娜之姿。其可鼻,则有荷叶之清香,荷花之遗馥,避暑而暑为之退,纳凉而凉逐之生。其可口,则莲实与藕皆并列餐盘而互芬齿颊者也。……总之,无一时一刻不适耳目之观,无一物一丝不备家常之用者也。有五谷之实而不有其名,兼百花之长而各去其短。种植之利有大于此者乎!"

(9)莲藕的风味及其他。

宋范成大《田园杂兴》:"拔雪挑来踏地菘,味如蜜藕更肥浓。"它指出,蜜汁糖藕风味独特，藕的烹饪方法很多，都是美味佳肴，老少俱爱。

古代的诗人常以荷莲藕形容美女服饰或指美女。如温飞卿《莲蒲谣》："水清莲媚两相向……荷心有露似骊珠"。

二、浅析韭菜古诗文

韭菜是我国主要的蔬菜，自古食用。我国古代对韭菜很重视，并作为祭祖供品，《诗经·豳风》载："四之日其蚤，献羔祭韭。"（大意是农历二月开冰，先用羊羔和韭菜供作祭礼。）

我国古代诗人也常吟咏韭菜，欣赏它的风味，有关典故也多，以下就"春韭"、"韭黄"、"韭菜花"对有关韭菜的古诗文作浅析。

（一）春韭

下面首先介绍杜甫的名诗《赠卫八处士》诗云："焉知二十载，重上君子堂。……问答乃未已，驱儿罗酒浆。夜雨剪春韭，新炊间黄粱。主称会面难，一举累十觞。……"

这是一首富含情感、生动的诗。大意是唐代连年战祸，民不聊生，故友寥落。杜甫在远方见到阔别 20 年的老友 —— 卫八处士，二人都已白头，儿女成群。对方儿女问答的话还未说完，主人已吩咐儿女摆上酒桌。正好夜雨后，去园中剪来新韭炒菜，又新煮黄粱米饭，可口喷香。主人说："这次相会十分难得，开怀畅饮，一连干杯十几觞……"

下文是从农业技术角度，来探讨这首好诗中的名句："夜雨剪春韭"。

（1）"夜雨"二字，首先指出古人很注意气象因素，特别注意到春天夜间多雨，我国中南部春夜更多雨，也很注意春季夜雨对促进农作物生长的作用。

以下另附一首杜甫的诗，以反映他重视春季夜雨对促进农作物生长的作用。

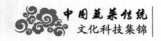
杜甫《春夜喜雨》（节选）：“好雨知时节，当春乃发生。随风潜入夜，润物细无声。”这首诗观察很仔细。它指出春天夜雨常是风雨交加，默默地促进农作物的生长。

（2）“夜雨”与“春韭”的关系。诗人注意到春天夜雨对促进韭菜的生长，更有显著的作用。早春温度上升，韭菜开始生长，夜雨及时提供韭菜生长所需的水分。这场雨又给韭菜洗个“澡”，淋去了叶面上所附的灰尘，有利于叶片进行光合作用，以制造养分；尤其韭菜是多年生，秋季所蓄积的养分贮藏在地下的鳞茎（“老根”）中。夜雨后，这些养分随着水输送到叶部，促进它的生长。一部分养分又能逐渐分解为糖类。所以春天夜雨后，韭菜生长欣欣向荣、叶色翠绿鲜美，质柔嫩，且带甜味，真是蔬菜珍品。

（3）夜雨剪春韭。又引出一项农业技术，即春天要及时采收韭菜。韭菜自春至秋都可采收，为使韭菜多年生长兴旺，应及时采收；并以春季采收为主。秋季养好“老根”，蓄积养分。春季一般可采收三次，其中以早春的“头刀韭”、“二刀韭”品质最好，更须掌握天时，及早采收。

（4）“剪春韭”。“剪”是个妙字，似有“画龙点睛”之意。从农业技术来说，这个字指出：要使韭菜多年生长兴旺，关键技术之一是掌握采收的部位和每次采收的程度，不能乱割，否则会使韭菜早衰。俗语说：收韭菜应“割一刀、留一刀”。所以一般要留茬一寸左右，不能收割太低、太伤老根的“元气”。剪韭菜的速度虽慢，但很仔细，不会伤及“老根”。现在商品生产，采收用刀割，速度虽快，却易伤老根。所以我国古代采用剪韭菜的方法，后魏古农书《齐民要术》载：“畦欲极深，韭一剪、一加粪，又根性上跳，故须深也。”

综上所述，韭菜栽培的关键技术之一，是掌握采收技术，做到养、用结合。

（5）主人为什么要采夜雨后的春韭，来招待阔别多年的友人呢？主人和客人都应该清楚，春天新韭（特别是夜雨后）是春天最好吃的蔬菜，需现采现吃。这里又引出两个有关的典故。

1）南北朝南齐的文惠太子问名士周颙说：“菜食何味最佳？”周答：“春

初早韭，秋末晚菘。"（注：菘，即白菜。）

2）据龚乃保《治城蔬谱》云："山中佳味，首称春初早韭……"即山区最好吃的菜是春初早韭，所以古代韭菜有"春季第一美食"之称。

此外，唐代民宅中一般都有小菜园，韭菜为家常菜，容易办到。所以主人趁雨后抓紧剪收新韭，殷勤招待客人。

（二）韭黄

韭黄又称韭芽，也为我国自古食用的韭菜精品。古人曰："韭之美在黄"，韭黄是鹅黄鲜美。自古受人赞赏，文人雅士也常吟咏它。

宋苏轼诗："渐觉东风料峭寒，青蒿黄韭试春盘。遥想庆州千峰里，暮云衰草雪漫漫。"这首诗指出在东风料峭的初春，青蒿（野菜）和韭黄上桌盘，占尽了风光。它让东坡居士想起在庆州衰草雪漫漫的时候，尝到野菜和韭黄的鲜嫩美味。既满足了美食家的馋涎欲滴的口感，更让他提笔疾书了淋漓尽致的妙句，留世千载。

宋陆游诗："新津韭黄天下无，色如鹅黄三尺余，东门彘肉更奇绝，肥美不减胡羊酥。"（注：彘，即猪腿肉）。放翁的溢美之辞更出奇，蔬菜竟与猪肉相媲美，可见韭黄的魅力。

从上述两首诗也可看出，我国在宋代大城市中，食用韭黄已较普遍。甚至在北方雪漫漫的早春，也能吃到韭黄，真不容易。

下面再谈一段有关历史。

唐贞观十九年（公元 645 年）农历十一月十六日。唐太宗东征胜利回师，途径易州。该州司马陈元踌向皇上献了一些新鲜珍贵的蔬菜。唐太宗不但拒收，竟将陈免去官职。这些进贡的新鲜蔬菜，是陈费尽心思，在严寒中利用地窖生火烘出来的。在原文中虽没有指明进贡的珍贵蔬菜是什么菜。但据行家分析，地窖中烘出的珍贵蔬菜应该是韭黄。因为地窖中没有阳光，只有韭黄才能生长，而且据史册记载，我国唐代已能利用地窖于冬季生产韭黄。

现代韭黄仍是大众所喜爱的蔬菜珍品。韭菜为什么会变成韭黄呢？在园艺技术方面，这是采用软化法（软化栽培），使韭菜的叶绿素褪色，叶色转为金黄、鹅黄、鲜黄等。质柔嫩、味鲜美。我国自古采用韭菜软化法，最早常用壅土、瓦筒覆盖、草帘覆盖等。[注：软化栽培参见第四章第四节（五）。]

我国曾有很多韭黄传统栽培特产地，如山西太原的窑洞韭黄、西安临潼的温泉韭黄、河南洛阳的马粪槽韭黄、四川成都的草蓬韭黄等。

（三）韭菜花

韭菜花又称韭菜苔，古亦称"韭菁"。夏秋之际，韭菜叶间抽出花轴，轴顶丛生白色小花。嫩苔可食用，脆嫩且香美，也为高温淡季美味蔬菜之一。民间赞美的传说："八月（指农历）韭，佛开口"。

龚乃保《治城蔬谱》云："山中佳味，首称初春早韭……秋日花亦入馔，杨少师一帖是为生色。"这是他引出了杨少师赞扬韭菜花的故事。

杨少师一帖是指五代大书法家杨凝式（官少师、少傅）的《韭菜帖》盛传于世。秋日，杨午睡醒来，腹中饥饿，恰友人送来韭菜花，杨以之蘸羊肉吃，其味美不胜收，立即提笔写帖，表示感谢。那封信便是享誉千年书坛的《韭花帖》。帖曰："昼寝乍兴，辄饥正甚，忽蒙简翰，猥赐盘飧。当一叶报秋之初，乃韭花逞味之始，助共肥羜（音宁）羔生五月，实谓珍馐，充腹之馀，铭饥载切，谨修状陈谢，伏惟鉴察。"

杨少师《韭花帖》的故事大意如下，秋天杨午睡醒来，肚子饿。正好友人送来韭菜花。杨把它蘸羊肉吃，味很好。杨少师就执笔写帖，表示感谢。这封信就是闻名书坛千年的《韭花帖》。帖中说白天我午睡刚醒，肚子饿，恰巧承你来信，并送来羊肉，初秋韭菜花很好，可助人美食羊肉，吃饱了，十分感谢，所以写这信感谢。

徐守和《题杨少师韭花帖后》有诗句："韭花烨烨动秋蔬，历岁经霜久未枯，味压候鲭思学圃，气凌奉桔欲吞吴。"（注："候鲭"指五候家的珍膳鱼肉。）

这首诗的大意是赞美韭菜花，说它久经霜而不枯，高温期间又烨烨生韭花，在夏秋蔬菜中很出色，韭菜花的风味很美，简直可以压倒高官家中的珍膳鱼肉。

杨少师帖和徐守和的诗，使韭菜花占尽风光，流传至今，其真迹现存北京博物馆。

韭菜花是腌后捣碎食用，古人称为"菁菹"，也为香辛调味品，北京吃涮羊肉仍少不了它。上海清真餐馆洪长兴以涮羊肉闻名，所用调料（主料）以韭菜花配制，味鲜美，别具一格，故门庭若市。

韭菜花也为我国回民地区食谱中的一大特色。

韭菜花应于清晨阳光不强，花苞尚未开放时，连同嫩苔及时采收。常用以炒肉丝或炒蛋，作为家常时菜。

三、名特产蒲菜诗话

蒲菜古名蒲，地方名为蒲草、香蒲、蒲白等。它属香蒲科香蒲属的多年生水草本植物。原产我国，最早载于《诗经》。它自古至今作菜用。野生，近代有些地方进行人工栽培。

蒲菜喜高温多湿气候、肥沃的沼泽地带。但它适应性强，分布很广，北起黑龙江，南至云南都能生长，以山东和云南为著名产区。

长江流域蒲菜的分布也广。蒲菜曾称为"淮扬第一名菜"。上海地区明清时代野生蒲菜较多，一度曾成为当地的主要水生蔬菜。但近代因城市发展，水域面积减少，已经少见。在春季郊区集市交易中，偶尔也有商品蒲菜出售，误称"野茭白"。实际是商品蒲菜，较"野茭白"更粗壮成长。

蒲菜只有在我国供作蔬菜食用。一般食用的部分是由叶鞘抱合而成的假茎。例如，山东大明湖的"蒲儿菜"和上海郊区的蒲菜。其他供食用的部分是肥嫩白色的地下匍匐茎，如云南建水的"草芽"（或称"象牙"）。有以

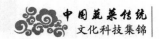

白嫩如茭白的短缩茎供食用，如云南元谋的"席草笋"。

蒲菜的分枝多，成丛生状。植株高度因品种或环境条件不同而异。一般的高度为 1.5 米左右，但黑龙江的产品高达 3 米，而云南产品高仅 1 米余。

蒲菜于春季抽生大量新叶，长约 20 厘米，夏天在植株的顶端生花序，褐色，棍棒状、形似蜡烛，称"蒲棒"，或称"水蜡烛"。同一花序中，雄花生在上面，雌花生在下面。雄花开后会飞散出大量黄色花粉，称"蒲黄"。

蒲菜具有鲜嫩、清爽、爽口的风味，是南北闻名的特产。可炒食、煮食、做汤等。蒲叶可编席，蒲包是民间包装物资。蒲黄载于《本草纲目》，是止痛药，歌诀"蒲黄味甘，逐瘀止崩，止血须炒，破血用生"。

近代蒲菜采用的人工栽培，只是露地栽培，经春季采收到秋天。清朝曾在冬季进行"不时栽培"，严寒季节亦能采收时鲜蒲菜。20 世纪 40 年代，山东济南的菜农冬季在地窖中进行蒲菜"软化栽培"，其方法和大蒜地窖软化栽培（生产蒜苗）相似。冬季将蒲菜老根种于地窖中，经过四五周后可开始采收，先后可收三次。

旧社会种蒲农民的收益可观。据 1935 年调查，山东大明湖种蒲农民，在种后的第二年先后采收三次，每亩地年收入 210 元，其中春季上市的价更高，每 100 个可售 1 元（当时物价低，每 100 斤[①] 大米价仅 10 元左右）。可见当时大明湖蒲菜的名贵了。

蒲菜常散生于各地沼泽中，株形幽美，绿荫青翠，微风轻拂，引人注目。花序形色奇特，倒影随水西东，一片美的宁静景致，得人喜爱，增添自然景观。在美国少数地区种蒲菜供观赏用。

（二）

唐代的政治经济中心在黄河中下游，那时当地多湖沼，水质好，蒲菜生长普遍。沼泽中水鸟很多，水鸟与蒲菜等水生植物同生活共欢乐的的场面，

---

① 1 斤 =500 克

引起骚人墨客的欣赏，所以唐代吟咏蒲的诗常见，好的诗也多，举例如下。

畅当《宿潭上》："青蒲野陂上，白露明月天。中庭秋风起，心事坐潜然。"秋夜水上景色多美好！水中有野蔬，天上有月亮，中庭有秋风，心事自知晓。

张泌《洞庭阻风》："空江浩荡景萧然，尽日孤蒲泊钓船。青草浪高三月渡，绿杨花扑一溪湖。"洞庭湖的壮阔浩淼，浪高风急，鱼肥花艳，水生野蔬多，泊船垂钓多。如此多娇的美景，能不把它写下来吗？

智圆《赠林逋处士》："风摇野水青蒲短，雨过闲园紫蕨肥。"宋山僧智圆和隐士梅妻鹤子的林逋，时有诗文唱和，这是其中之一，一副上乘工对"风摇野水青蒲短，雨过闲园紫蕨肥"彼此恬然好古，不求名利，志趣相投，自得其乐。

甄密《塘上行》："蒲生我池中，其叶何离离。"诗人在自己的塘上观景，在阵阵微风飘荡中，蒲草的兴旺茂盛长势，使他心中充满无限的喜悦。

以上四诗都涉及"蒲"字，描写大自然中湖光蒲影。微风轻拂，纤叶翩翩。它说明蒲的兴旺茂盛和文人对它的喜爱。

白居易《续古诗十首》："……澹澹春水暖，东风生绿蒲……"

白居易《开元寺东池早春》："池水暖温暾，水清波潋滟。簇簇青泥中，新蒲叶如剑。"

这二首由乐天居士写出早春蒲菜抽生新叶、欣欣向荣不断生长的生动描绘。

崔湜《唐都尉山池》："雁翻蒲叶起，鱼拨荇花游。"都尉山池景色感人，蒲叶荇花野菜点缀，大雁捕食，上下翻飞，群鱼嬉游，左右拨尾……好一片大自然和谐共存同乐的场面。

李贺《绿水词》："……东湖采莲叶，南湖拨蒲根。"当时地处水乡，水生植物物种繁多，惠于百姓，随手可采食，鲜嫩洁白，美味可口。且根、茎、叶各有所用，浑身是宝。

方干《采莲》："……指剥春葱腕似雪，画桡轻拨蒲根月。"在月色明亮凉风习习的夜色中，年轻姑娘们挽起衣袖，露出雪白的手腕，快速劳动的景色。随着小船的移动，水面上的月亮也被拨动。

杜甫《哀江头》："少陵野老吞声哭，春日潜行曲江曲。江头宫殿锁千门，细柳新蒲为谁绿？"春天杜甫偷偷来到曲江边，他忍不住低头哭泣。他看到宫殿朱门都紧紧地锁着，人去楼空。门前的细柳新蒲绿依旧，有谁来欣赏呢？杜翁当时受困于沦陷的长安，面对国破家亡的感叹，也是对唐王朝从盛世走向衰落的挽歌。

四、酷暑浓荫赞扁豆

酷暑漫长，正当人们心意烦躁之际，也往往会看到宅旁、篱边几株扁豆，正满架浓荫、欣欣向荣地开花结实。它不仅在炎夏缺菜季节，使主人得到嫩荚尝新，也使庭院蕴藏清凉之感，带来朝气与乐趣。

见过扁豆的人较多，但了解扁豆的人很少。

扁豆，古名：鹊豆、藊豆，别名：沿篱豆、蛾眉豆、眉豆等。豆科一年生蔓性草本植物，原产印度、印度尼西亚，已有3000多年栽培历史。汉、晋时传入中国。我国自古至今栽培，供作蔬菜或药用。

扁豆有蔓性及矮生两类，以蔓性种为主。其茎高可达3米，须搭架。花色因品种不同，分为红花和白花两类，以红花种为主，其茎、叶都为紫红色。花生在长的花序上，一串串的花和果，很美观。嫩豆荚为淡红、紫红或绿白、绿色。因为扁豆植株的色彩美，所以也有益于点缀庭院、绿化环境。

在我国的农村、城镇中，扁豆栽培较普遍，一般只是在宅前、屋后隙地、篱边种几株，但却能发挥可观的作用。

清代黄树谷《咏扁豆羹》诗云："短墙堪种豆、枯树惜沿藤，连朝僮仆善，采摘报盈筐。"

扁豆最重要的特性是耐高温、耐旱和耐土贫瘠。在35～38℃的高温及久旱下，仍能正常开花结果。这些特性在一般蔬菜中是很少见的。它刻苦耐劳，顶住酷暑与干旱；又能忍受寒冷的秋风秋雨，不断地开花结荚，造福人类。

扁豆的意志坚强，排除干扰与诱惑，一生不断地向上爬。故能在酷暑期间浓荫郁蔽，清凉环境，满架开花结果。且采收期长，从 8 月开始，一直可采收到 11 月降霜前。

扁豆植株的色彩艳丽，姹紫嫣红，有益于美化环境，振奋精神；但它端庄大方，而不妖艳。

古人有诗云："城中桃李愁风雨……"，反映了在城市繁华地带多桃李等花木，百花争艳，何等热闹。但是扁豆却安于冷僻，甘居寂寞，不求名利，不谋虚荣，淡泊高雅。因为它只求默默地奉献于人类。

扁豆高雅的风格、朝气蓬勃的精神受到清代骚人墨客的青睐。

郑板桥写过以下一幅对联："一庭春雨瓢儿菜，满架秋风扁豆花。"它指出春雨连绵，使一个园中的瓢儿菜（小白菜）生病烂掉，但在寒冷的秋风秋雨中，顽强的扁豆依旧满架盛花与结荚。

这是郑板桥流落时写的对联，它使郑板桥抛弃失意的情绪，以扁豆为榜样，鼓起追求人生勇往直前的精神。

清代文人查学礼诗云："碧水迢迢漾浅沙，几丛修竹野人家，最怜秋满疏篱外，带雨斜开扁豆花。"这首诗细致地观察了秋天原野的景色，洋溢着素朴的农家风情，更强调扁豆克服困难，不断向上生长、开花结实的精神。

种扁豆的技术虽然比较简易，但要使它根深叶茂，满架盛开花，也不能放松田间管理。

"种豆南山下，草盛豆苗稀，晨兴理荒秽，带月荷锄归。"种好扁豆要勤松土除草，防止"草盛豆苗稀"。还应注意防治蚜虫等。当茎及主侧枝伸长以后，要及时摘去顶尖，促使侧枝继续向上生长。更应搭牢支架，严防被台风吹倒。只有认真管理，关心庄稼，才能"种瓜得瓜"、"种豆得豆"。才能使扁豆满架花盛开。

请看下列一首诗："庭下秋风草欲平，年饥种豆绿成荫，白花青蔓高于屋,夜夜寒虫金石声。"种下的豆子,已经绿荫浓郁,爬上屋顶,结荚累累,秋天还引来寒虫,彻夜鸣金石之声,既美观,又清闲。读了这首诗更令人思念扁豆,赞美扁豆和认真学习扁豆精神。

古人说:"人为万物之灵",但人之所以能"灵",首先是善于学习,学习先进,学习师表,严于律己。"宇宙者,万物之逆旅",我想人类也应向"万物"学习。虽然秋风秋雨会带来一些肃杀与萧条,但满架秋风扁豆花却给我们明智的启示。认真学习扁豆精神,在坎坷的人生道路上,壮志酬怀,坚定步伐,迈向光明大道,谋求人类和社会的幸福,默默地奉献。这是永恒的业绩。

扁豆的嫩荚中含有较多的钙、磷等矿物盐、蛋白质、维生素 C 等。但需注意,如果食用不当会中毒,因为扁豆(包括种子)中含有皂素及红细胞凝集素。所以在食用以前,需用水煮沸 10 分钟以上,破坏了上述两种毒素以后,才可食用。

扁豆的嫩荚供菜用,炒食或做汤、腌渍、制干菜。豆粒可煮食、作豆沙馅、扁豆泥。扁豆的种子(入药的种子为白色)、种皮、花、叶都为中药材。

五、荠菜古诗话

荠菜古名荠。荠菜是"诗经植物"之一,《诗经·北风·谷风》篇载:"谁谓荼苦,其甘如荠。"《尔雅》(公元前 300 ～公元前 200 年)已载有以荠菜做菹和羹。《春秋·繁露·天地之行》篇(公元前 1 世纪)载:"荠冬生而夏死,其味甘。"《楚辞·离骚》载:"故荼荠不同亩兮。"

荠菜也为古代救荒菜之一,明代名仕徐光启《农政全书》"救荒菜"载:"荠菜儿,年年有,采之一二遗八九。今年才出土眼中,挑菜人来不停手。而今狼藉已不堪,安得花开三月三?"

荠菜性喜冷凉,生长适温 12 ～ 20℃,气温如超过 22℃,生长慢,品质下降。但它较耐寒,能耐短期－8℃低温。当残冬渐消,大地逐步返青时,田野间荠菜便开始绿油油地生长,人们忙着挑菜尝新。所以它是江南地区早春最先采收、上市的蔬菜之一。

荠菜味鲜美，有清香。田野自采，既不花钱，又鲜嫩；加以荠菜生气蓬勃，这些当然会受到古代文人雅士的青睐。唐宋咏荠菜的诗也不少。

《唐诗三百首》中，孟浩然《秋登兰山寄张五》诗："……时见归村人，沙行渡头歇。天边树若荠，江畔舟如月……何当载酒来，共醉重阳节。"这首诗描述了大地中树群生长密，好像田野中丛生的荠菜一样；是一派清秋景色，也显示出隐居诗人的逸兴。

南宋诗翁陆游特别爱好荠菜，在他的《剑南诗稿》中载有不少他食荠、颂荠的诗篇。他在蜀中做官时，曾作《食荠》绝句三首如下所述。

"日日思归饱蕨薇，春来荠美忽忘归，传夸真欲嫌荠苦，自笑何时得瓠肥。

采来珍蔬不待畦，中原正味压莼丝，挑根择菜无虚日，直到花开如雪时。

不着盐醯助滋味，微加姜桂发精神，风炉歊钵穷家活，妙诀何曾肯授人？"

前两首诗写诗翁因荠菜而忘记家乡美味的蕨菜和薇菜（注：薇菜是野豌豆），以及采摘荠菜劳动的情况。第三首诗讲他烹调荠菜的秘诀，用风炉原罐调制，不加盐醋，只加少量的生姜桂皮。这些诗反映诗翁虽是大文豪，却十分关心日常生活，观察仔细深入。诗翁晚年闲居家乡，也写了许多诗，赞美荠菜生命力旺盛，耿直不屈的精神，这实际也是诗翁高尚品格的写照。

陆游还写了诗句，赞美荠菜的美味。苏轼致友人的信高度评价荠菜的美味 [参见第六章第一节（四）]。

晚春采荠菜嫩苗的时期已过，但田野遍地又盛开荠菜花，无数细小白色的花朵，随风摇曳，正如一片"满天星"。荠菜花也很受古人的关怀，写下一些赞美它的诗。

司马光的诗："后檐数户地荒秽，不剪欲令生荠花。"

刘克庄的诗："荠花满地无人见，唯有山蜂度短墙。"

辛弃疾写下的妙句："城中桃李愁风雨，春在溪头荠菜花"。

诗人的观察十分敏捷，其笔下更是意味隽永。城中的桃李，虽是百花

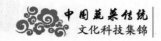

争艳、五彩夺目、繁华迷人，但经几场春风霾雨，相继凋零，遍地狼藉，落花流水春去矣。

然而，在小溪边和田野上，自生不起眼的荠菜花，却能顶住晚春的凄苦风雨，昂首屹立，默默无声地盛开着。小花洁白无染、朴实无华。它甘于寂寞，富于自信，在艰苦的环境中挣扎生长。虽然它矮小朴素不起眼，却给人们启迪、给人们带来希望。尽管季节转变，在它的形象中却显示难逝去的春光。

荠菜既富有中国优秀传统文化的内涵，又具有悠久的民俗文化内涵。

在江南有："三月三（注：指农历，为传统的"上巳节"），荠菜花儿上灶山"等民谣。在这一天人们采下很多荠菜花，插在灶上及坐、卧之处，认为可驱除蚁害。所以在福建、浙江乡间，至今还称荠菜为"上巳菜"。在顾禄《清嘉录》中，有类似上述的记载。

荠菜富含营养物质且有药效［参见第八章第一节（四）］。

荠菜又为一味不用花钱的中医良药，民间还有"三月三，赛灵丹"的谚语。

荠菜可供炒食、做羹或拌食，更宜做饺子、馄饨馅。

上海郊区菜农（原上海县虹桥乡）将野生荠菜驯化，进行人工栽培，已有100多年的历史。

荠菜人工栽培的要点，从播种出苗、田间管理、分次采收、留种等各项技术，都应掌握"精细"关键。荠菜种子的发芽率低，必须掌握留种技术。种株成熟收割后，置室内通风晾干、脱粒，在低温干燥条件下贮藏。

六、闲话西瓜及吟咏

西瓜，古名寒瓜，别名：夏瓜、南登瓜等，今浙江南部还称西瓜为寒瓜。《广群芳谱》载："旧传种来自西域，故名。"它于古代经丝绸之路由西域传入我国，至今在我国普通栽培。据联合国1997年统计，当时中国西瓜的年总产量是世界第一位。

（一）

西瓜以成熟果实供食用，为夏季止渴消暑佳品。瓜中含糖量高，且有丰富的矿物质和多种维生素，也可制果酱，果皮可蜜饯、制汁（非洲有些国家食西瓜皮汁）。我国有些地区以西瓜皮炒食做菜用。它的种子炒食，供做茶点。但是取种子的西瓜为专用品种，称"打瓜"（打一下就可取出种子，故名）或"瓜子瓜"。其果形很小，果肉不能食用；种子却很大，数量多。以往在山东、江苏等地栽培。

西瓜具有清热、解暑、利尿等药效。

吃西瓜应注意选择品种。我国地域辽阔，不同地区有特色的西瓜品种，新中国成立以前，我国已有不少西瓜的名产区和传统西瓜优良品种，且当时生产上用的西瓜品种稳定，不乏栽培百年或百年以上的传统良种。依地区不同，当时我国的西瓜品种大致分为两大类型。

1. 北方型西瓜

北方型西瓜以华北地区为代表。其瓜形一般较大，重约 5 千克，甚至10 千克以上，成熟期一般较晚，适于北方干旱气候。其品种名称通常以瓜皮、花纹的颜色或瓜、皮、籽等颜色命名。著名的品种名大虎皮、大花皮、手巾条等、或三白（皮、肉、籽都为白色）、三异（皮、肉、籽的颜色各不同）。

2. 南方型西瓜

南方型西瓜以长江流域为代表。瓜形较小或中等，成熟期一般较早，适于南方潮湿气候。今以浙江、上海一带的传统优良品种举例如下。

马铃瓜：为 20 世纪三四十年代，浙江、上海一带的主要西瓜品种，瓜椭圆形，皮深绿色，有绿色条纹，肉黄色，味甜，质优，重约 4 千克，成熟期较晚。

浜瓜：或称"崩瓜"，因其果皮薄，易崩裂，故名（上海方言"崩"与"浜"音相同），为上海及中国的传统西瓜著名品种。抗日战争以前，在上海浦东三林乡栽培已 100 年以上。20 世纪三四十年代，在上海、南京一带普遍栽培 —— 或称"金蜜瓜"。果椭圆形，皮淡绿色，有深绿色细网纹，肉黄色，种子红色。果重 1.5 千克左右，味甜、鲜嫩、多汁，品质极佳，早熟。据吴耕民《蔬菜园艺学》（1946 年）载：它是"西瓜中之珍种，最近曾传至日本，后被彼邦重视，称之曰嘉宝。"

此外，还有浙江的"朱砂红"、南京的"陵园西瓜"等优良品种。

遗憾的是，上述浜瓜、马铃瓜等传统西瓜优良品种，在新中国成立以后先后消失。新中国成立以前和新中国成立初期，大城市中的西瓜产销，都是"就地生产，当地供应"（或"就近供应"），所以那时也很需要晚熟耐储藏的西瓜品种（例如，崇明老黑皮西瓜），能在 8 月"秋老虎"时供应市场。

新中国成立以后，尤其是改革开放以后，我国的西瓜品种有很大的变化，由于城市及工商业的迅速发展，人民生活水平提高，西瓜产销量也发生改变，更加家庭人口结构日益小型化等因素，我国人民对西瓜品种的要求产生明显的变化。一般说，更要求质优、早熟、瓜形较小的西瓜良种，反之，大型晚熟的品种逐渐消失。不少传统优良品种也逐渐绝迹。

新中国成立初期，为了适应新形势的需要，大城市开展西瓜引种工作，以上海为例，在这时期从广东引进解放瓜，以后曾在江南地区普遍栽培。瓜为圆形，皮绿色，有深绿色条纹，肉红色，味甜，质优。瓜重 3～4 千克，早熟或中熟。解放瓜原来是日本著名的西瓜品种大和系统。至于日本大和西瓜，则是由西瓜名种"冰淇淋"（Ice Cream）与日本本地西瓜品种自然杂交后选育成的。

此后又从香港引进蜜宝西瓜品种，也就是通称的"台湾黑皮"或"台黑"西瓜。此外，又从其他地区引进一些西瓜良种。

随着科学技术的发展，在选种引种的基础上，大约于 20 世纪 60 年代，我国开始西瓜杂种一代的研制。精心选配双亲本，选育优良的杂种一代，育出一批优良的西瓜品种，例如，中育 1 号、郑州 1 号、澄选 1 号、旭东、琼酥等。

现代西瓜育种方面，更令人瞩目的是无籽西瓜的应用。无籽西瓜是以四倍体西瓜（染色体为普通西瓜的两倍）与普通西瓜（染色体为两倍）作父、母本，选配杂交后，产生的一代杂种（三倍体）。无籽西瓜味甜，质优，逐渐成为西瓜新品种的主宰。

我国无籽西瓜的应用，大约始于20世纪70年代。例如，上海市农科院园艺研究所于1976年育成冰台一号无籽西瓜，1984年育成琼露无籽西瓜。其他单位育成的无籽西瓜品种有无籽3号、北京红花无籽、黑皮无籽、旭马无籽等。（上述是20世纪末的状况，现在应当有更多无籽新品种。）

如果应用无籽西瓜，每年需购买种子，种子价又较高，此外，还应注意掌握无籽西瓜栽培技术的特点，栽培才能成功。其栽培技术特点是：①“破壳”：它的种子皮厚且硬，播种前必须先“破壳”后浸种催芽。②育苗：无籽西瓜苗期生长弱，应先播种于苗床，精心管理，育成壮苗。③授粉：无籽西瓜母本植株上的花粉不能发芽，种瓜时，必须同时选配普通西瓜（二倍体）种植，供以后授花粉用。普通西瓜种的数量应为无籽瓜母本的1/5～1/4。

（二）

西瓜多汁味甜，为消暑佳品，瓜子又为茶点中常用，当然会受到古代诗人的赞赏，吟咏兴怀。以往一般认为西瓜于五代时传入我国。就目前所见资料来说，南朝梁代沈约最早有诗吟西瓜。他的《行园诗》云:“寒瓜方卧陇，秋蔬亦满坡。紫茄粉烂熳，绿芋郁参差。”这首诗描写南朝菜园中，西瓜等多种蔬菜水果欣欣向荣地生长。

南宋著名诗人范成大《西瓜园》诗云：“碧蔓凌霜卧软沙，年来处处食西瓜。行模活络淡如水，未可苜蓿葡萄夸。”

南宋中原、江南等地的西瓜，是由南宋洪皓从北方金国引进的（洪皓出使金，被俘多年后归国）。南宋时西瓜栽培普遍，诗人为处处吃到西瓜的

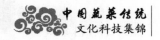

美味而高兴。

在世界闻名的宋代《清明上河图》中，也绘出西瓜的场面，并且有文天祥《西瓜吟》诗为证："拔出金佩刀，斫破苍玉瓶。西瓜足解渴，割裂青瑶肤。"由此可见，宋代人民对西瓜的重视。

元代方夔《咏西瓜》诗写得好："恨无纤手削驼峰，醉嚼寒瓜一百同，缕缕花衫粘唾碧，痕痕丹血捣肤红。香浮笑语牙生水，凉入衣衫骨有风，从此安心师老圃，青门何处问穷通。"这首诗描写男女群众笑谈吃西瓜的乐趣，也联想起种瓜老农的技艺，值得学习。

明代瞿佑写了下述称赞西瓜美味的妙句："结成烯日三危露，泻出流霞九酿浆。"

清代纪昀写了以下的好诗句："凉争冰雪甜争蜜，消得温墩倾渚茶。"

清代赵翼的《西瓜》诗："热鏊（平底锅）翻饼因炎歊（热气），只有凉瓜可沃焦。不是甜冰是甜雪，满瓢到口即时消。"（注：沃焦本是传说中的山名，海水注入无不烧焦。）这首诗赞美西瓜消暑的奇效。

明代瞿佑《红瓤瓜》诗云："采得青门绿玉房，巧将猩血沁中央。"作者认为这是指西瓜。

以下是两首学种瓜的诗。范成大诗云："儿孙未解供耕织，也傍桑荫学种瓜。"沈砺《感怀》诗云："忘机白社闲挥麈，息影青门学种瓜。"这首诗有隐居超逸之感，向往大自然的愿望，所以想去学种瓜。

下面是一首有关吃瓜的新疆民谣："早穿皮袄午穿纱，抱着火炉吃西瓜。"它反映新疆吐鲁番地区的气温昼夜变化很大。

因此又联想到 2013 年夏季，我国江南等地，连续高温（35℃以上）一个多月，高温达 40℃或以上，人们受尽苦难。这时西瓜消暑发挥了很大的作用。所以写成下述诗，以志纪念："酷暑天天记录垮，家家'火炉'吃西瓜。滋滋玉露清福享，解脱翁媪胆战枷。"

七、水景诗意话菱

（一）

菱是古老的水生植物，我国自古供作蔬菜或水果食用。古代的菱一般为野生，它的繁殖力强、生长势旺盛，在湖泊池沼中分布很广。

菱除供食用以外，对古代大自然水域环境的绿化、美化也有一定的意义。为什么菱能具有上述的作用呢？笔者认为这和菱的植物形态、生长特性有关。

菱的水中茎很长，在它的顶部生多数叶。菱有浮叶，为菱形或近三角形，绿色、略有光泽，叶背面为紫红色。叶柄长，且中部膨大形成气囊，可助叶飘浮水面；又下部的叶柄长，上部的叶柄短，这样使全株的浮叶都浮在水面上，形成一簇簇大型叶盘（俗称"菱盘"）。菱的叶色又随着季节不同，略有变化。

夏日，叶腋间开小花，白或淡红色。花谢后，花梗垂入水中结果，生成菱，嫩菱为青、红等色。如果远望菱湖，密密麻麻地生长着菱叶绿色浮体，夹着白、红等花、果色，微闪光，随着风浪徐徐荡漾。菱蔓的动态幽静、文雅。大自然水景之美，有时会胜于人工之美。这些引起古诗人的注目与欣赏。

唐朝温飞卿《春日野步》诗云："……镜中有浪动菱蔓，陌上无风飘柳花……"这时诗人特别注意到，水域微风起浪时菱蔓的浮动态；所以，记下这一笔，以告后人欣赏。

菱有一种特性，在天然野生状态，它常和其他的水生蔬菜（如茭、荷等）生长在一起，结成"水生蔬菜姐妹"，这也是生物"共生"。两种水生蔬菜"共生"，可以充分利用自然资源，达到生长互补互利。至于水域景观方面，两种水生蔬菜具有不同的株型、叶形、色彩等，混合生长，会编织成多样图案与色彩，使大自然的景色更美妙。

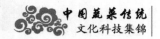

（二）

唐代中原地区水域面积广，水生蔬菜种类多。其中菱在当地分布范围之广、数量之多，以及在生产、生态方面的重要意义，可以说仅次于莲荷。

这些当然会引起诗人的青睐，所以唐代诗人咏菱的多。

在《唐诗三百首》中，王维《青溪》诗是闻名的，诗中妙句："……声喧乱石中，色静深松里。漾漾泛菱荇，澄澄映葭苇……"

这首诗是王维在陕西蓝田隐居初期写的，又名《过青溪水作》。诗中用"移步换形"的笔法，描写蜿蜒曲折青溪沿岸的多种秋景，有声有色。溪水流经乱石间时，水声喧闹，溪水与两岸苍松相互掩映。当它流出松林后，一片开朗地。清澈的溪水徐徐流过，荇菜和菱浮在水面，荡漾着翠绿的光彩；岸上丛丛芦花和苇叶，倒映在澄澈的水中。

从溪水流动的状态看，"漾漾"描写溪水有节奏的动态，"澄澄"则形容宁静大自然的静态，动静结合，十分生动。更使人有"浮光耀金、静影沉璧"之感。

细察水面上菱和荇的动态，荇菜的株型小，叶略带圆形，平面生长。菱的株型较大，叶菱形，略向空立体生长。二者混生在一处，水面上构成美丽的绿色图案，又夹着红、白等花、果的色彩。微风起浪，它们有节奏地在水面上浮动。

"漾漾"显示菱和荇菜欣欣向荣的生长状态，并将它俩在水面上浮动的姿态、生动、细致地描写出来。

菱荇漾漾地浮动，也使这农村水域的秋景更幽美。

以蔬菜园艺的观点，从这首诗可以指出下述两点：第一，唐朝在陕西关中地区的水生蔬菜种类多，如荇菜、菱、藕、茭白等，分布广。第二，菱与荇菜、莲等常共生一起（注：此外还有茭白与蒲菜等共生）。

孟浩然《过陈大水亭》诗："水亭凉气多，闲棹晚来过，涧影见藤竹，潭香闻芰荷……"（注：芰，古菱字）。

吴南轩《水楼感事》诗："……满湖菱荇东归晚，闲倚南轩尽日愁。"

这两首诗描写唐代的湖光山色、亭池楼阁中，菱荇、菱荷生长茂盛，增添了水域的美景。

温飞卿《晚归曲》："格格水禽飞带波，弧光斜起夕阳多。湖西山浅似相笑，菱刺惹衣攒黛蛾……"此诗描写湖光山色晚景之乐，更注意到湖中菱的刺，它会刺衣。

徐寅《初夏戏题》诗："长养熏风拂晓吹，渐开荷芰落蔷薇。青虫也学庄周梦，化作南园蛱蝶飞。"此诗描写初夏菱荷景色及青虫化蝶等乐趣。

更美的是采菱和看采菱的诗。白居易的《看采菱》诗："菱池如镜净天波，白点花稀青果多。时唱一声新水调，漫人道是采菱歌。"诗意在宁静如镜的菱池中，开着白色的小花，结满青色的菱角，洋溢着美丽的色彩。池中又摇来采菱的小船，悠悠地唱起一支采菱歌调。

这首诗将古代菱池风光，真实、细致、生动地描写出来，有声有色。诗的意境清幽、文静，给人留下深刻的印象。

贺知章《采莲曲》诗："莫言春度芳菲尽，别有中流采芰荷。"杜甫《陪郑公秋晚北池临眺》："采菱寒刺上，踏藕野泥中。"

（三）

菱的古名：蔆、芰、薢；地方名：菱角、水栗、龙角等。

菱为菱科菱属一年生蔓性水生草本植物，原产东半球温暖地带。天然野生种分布很广。但其改良种产于我国及印度。在新石器时代河姆渡遗址曾发现菱实。我国栽培菱的历史已有 2000 多年。

我国自远古以菱供食用及祭祀。古代对祭祀很重视，由此可见古人视菱为珍品。《周礼·天官篇》（公元前 400 年左右）载"笾人加笾之实菱芡"。《吕氏春秋》载："厉菽事莒闵公，自以为不知，而去居于海上，夏日则食菱芡，冬日则餐橡栗。"我国古代官吏也重视菱与种菱。《汉书·循吏传》载："龚

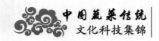
遂为渤海太守, 劝民秋冬益蓄果实菱芡。"

现在我国菱的栽培地区很广, 北起华北, 南至广东、台湾, 尤其是江南和安徽巢湖流域栽培更广, 其中浙江嘉兴菱的栽培面积达 1.3 万公顷。

菱喜高温, 叶的生长适温 20～30℃, 开花结果的适温 25～30℃。所以夏秋之际菱的生长最旺盛, 菱池的景色更美。菱对水层深浅的要求, 因品种或生长阶段不同, 一般要求水层深 60 厘米以上, 3～4 米以内, 且淤泥层深厚, 富含有机质。

菱形态上的特点, 主要是有浮叶, 已于上述。其次, 菱的果实 (菱角) 上有刺、质坚硬, 每果上刺的数量常为 2 或 4 个。刺为野生状态菱的保护器官, 用以防止动物的侵害。以后随着长期人工改良, 有的品种菱刺完全消失。

我国菱的优良品种很多, 举例如下。

(1) 四角菱。苏杭的馄饨菱、苏州吴江的小白菱、上海的水红菱、江苏邵伯菱等。

(2) 两角菱 (或称扒菱)。产于江、浙一带, 刺硬且大。

(3) 无角菱 (或称元宝菱), 浙江嘉兴南湖等地产。无刺, 为菱中最进化的品种。品质很好, 但菱蔓生长势及抗风浪力弱。

菱的用途广, 嫩菱和老熟菱都可食用, 供作果、菜, 炒食、煮食等。又可补充粮食, 加工成淀粉。菱的营养丰富且有药效 (参见第八章第一节)。

据我国当代医药研究, 菱肉中含有抗癌的物质, 国外也有类似的报道。

《本草纲目》载: 菱 "性寒, 生食, 解积暑烦热, 生津健脾, 和胃益元。"

八、闲话马兰头及罗汉菜

马兰头是江南水乡一带群众喜爱的野生蔬菜。植物学名 "马兰", 古名 "紫菊"。马兰头是摘取其嫩尖作菜用, 方言上加 "头" 字的意思是 "嫩头"。它的地方名有马拦头、田边菊、鸡儿肠、红梗菜、螃蜞头 (崇明) 等。

（一）

马兰是菊科马兰属多年生草本植物。丛生、株型矮小，叶片上有茸毛，短缩茎略带紫红色，花蓝色或淡紫色。冬季地上部枯死，以老根越冬。次年春萌发，摘取嫩尖供菜用。它在我国江南地区野生于田边。早在唐、宋时期已普遍食用。

从已查阅到的资料来看，《上海县志》（清乾隆十三年，1753 年）的蔬菜种类中载有马兰。《上海县志》（1871 年）载："马兰赤茎赤叶，有刻齿，似泽兰。春初采苗，水杓拌食，亦可晒干、煮食，味香。初夏起苔，开紫花，如菊，亦名紫菊。"

马兰在田野中蓬勃生长，家常食用，口味清香脆嫩，得到古代骚人墨客的青睐，诗作较多，多加赞扬。

宋陆游《戏咏园中春草》："离离幽草自成丛，过眼儿童采撷空。不知马兰入晨俎，何似燕麦摇春风。"诗意："田野中生长着碧绿旺盛的马兰，不久便被顽童们采摘一空。孩子们不知道马兰是餐桌上的美味，而随风大摇大摆的燕麦，孩子们只看而不会去糟蹋的。"它生动地描写马兰的长势、食用和顽童的无知。尤其是后面两句，从写作技巧而言，是一副非常美妙的对句，涵义亦很深刻。马兰是小草，燕麦是五谷之一，身份高低悬殊很大，一个可入晨俎（实用），一个会摇春风（实景）。但是如果餐桌上只有主食而没有菜肴，是美中不足的，饭菜相配合，才可口完美。它更告诫后人，对事物的观察，看表象易，更要思考其内涵才能较全面地了解。

《蔬食斋随笔》引用明代古风句曰："马兰不择地，丛生遍原麓。碧叶绿紫茎，二月春雨足。呼儿竞采撷，盈筐更盈掬。微汤滴蟹眼，辛去甘自复。吴盐点轻膏，异器共畦熟。物俭人不争，因得骋所欲。不闻胶西守，饱餐赋杞菊。淘美草木滋，可以废粱肉。"

诗意是马兰头的生长不选择土地，它在田野中普遍兴旺丛生。它有绿叶和紫红色的茎。二月春雨的淋浇，它们飞快成长。孩子们成群去采摘，满

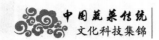

筐还满手捧。回家后大人精心烹调而成桌上美味。马兰是贱物，没有人会相争的，可以畅怀。没有听说胶西太守，尽情饱餐后又是赋诗又是品茶。

这么好的野菜贱草，没有鱼肉美味也不在乎吧！

这首诗生动如实地描写马兰，从它的形态、生长习性、采撷烹调、制成美味、受众欢迎、百姓评价……言简意诚、实事求是地说出来。虽然是古风，但平铺直叙，诗味欠浓、诗韵欠佳，是美中不足之处。

清袁枚在《随国食单》中写道："……马兰头摘取嫩者，醋合笋拌食，油腻后食之，可口醒脾……"

明代名仕徐光启本地藉，很了解马兰头的情况，当时天灾频生，他关心民众疾苦，在《农政全书》中有"救荒篇"记载："马兰头，拦路生，我为拔之容马行，只恐救荒人出城，跨马直到破柴荆。救饥，二三月丛生，熟食，又可作齑。"由此可见马拦头名称的由来。

马兰嫩尖供作菜用，清香，有独特风味，但略含涩，调制后可除去。一般煮熟切碎，凉拌后食用，尤常拌香干、笋丝，为著名江南菜肴。也可以炒食，古代和近代也作干制。

马兰头营养丰富，全草（包括老根）均入中药。其药效参见第六章第一节（九）。

（二）

除了荠菜、马兰头以外，近代在上海郊区最闻名的野菜是"罗汉菜"。它是野草经加工后作菜用的。罗汉菜是俗名，由于它的叶片成层丛生，如叠罗汉状命名。它的植物学名为荠蓂，也称遏蓝菜，十字花科一年生草本植物（与荠菜同属一科）。它在我国分布很广，但仅在上海郊区将其加工后作菜用。清代上海郊区普遍食罗汉菜。《嘉定县志》（1930年）载："罗汉菜一年生草本，产岗身等处，盐渍为菹。盛以瓦瓶，坚筑之，倒置稻草灰中，数月后取食，味鲜美，为邑人所重。嘉定南翔镇多有设肆出售者。"《青浦县志》（1879年）

及《宝山县志》（1882 年）等清代县志的蔬菜种类中，都载有罗汉菜，曾被称为"沪郊百宝"之一。但到 20 世纪初期以后，由于城市发展，野生植物资源减少等，罗汉菜逐渐消失。

罗汉菜性喜冷凉气候，植株前期塌地生长，以后稍直立，株高约 10 厘米，叶成层密生于短缩茎上，每茎叶数达 30 ～ 50 片，叶为倒披针形，长10 ～ 15 厘米，浅绿色。

罗汉菜加工特点是腌渍后，须将容器倒置于草木灰堆中，经 2 ～ 3 个月可取出食用。加工成品为黄褐色，有特殊香味，略带酸。清代在嘉定南翔商肆中出售。

1987 年，上海嘉定县马陆乡的两位农民，偶尔在田边发现一株罗汉菜。掘回后，经精心培育，保存了这份可贵的野生植物资源。

上海市农科院园艺研究所曾对罗汉菜的生长发育习性等进行了研究。据悉，嘉定区南翔农技中心等有关单位，正在策划恢复这个著名的传统加工特产品。

上述情况说明杂草可加利用为蔬菜或药材。反之我们也应该重视有些杂草有严重破坏作用。在 20 世纪初期，就曾有外国人注意和研究上海市郊的杂草种类。Porterfield W M 于 1934 年出版的 Wayside Plants and Weeds of Shanghai（《上海郊区路边植物及杂草》Kelley and walsh Ltd.）一书指出，20 世纪 30 年代，在中山公园附近采到上述蒺藜（罗汉菜）植株。当时又在上海郊区采到金花菜（上海俗称"草头"），在美国用作饲料。

九、莴苣笋史话

莴苣是菊科一年生或二年生草本植物，原产地为地中海沿岸，以往认为在隋朝传入我国。但当时传入的是叶用莴苣。以后在中国某地区的气候及地理条件下，经过长时期培育才演变成为有肥大肉质茎的变种 —— 莴苣笋。

莴苣笋喜冷凉，我国南北各地普遍栽培，长江流域栽培更广。一般行

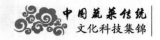

秋作或春作，高温季节不宜生产，会不出苗或过早抽苔，不能形成肥茎而遭损失。

我国老农们经过长期生产实践，摸索出适于不同季节的莴苣笋栽培技术，并选育成许多优良品种。学者文人也相助，撰写有关史料及技术的记载，以留传后人。

宋苏轼《粗物粗谈》中，有紫色莴苣笋的记载。宋孟元老《东京梦华录》载："……巷陌路口，桥门市井，皆卖莴苣笋……"唐宋诗人也有吟咏莴苣笋的（见下述）。

到了元代司农司编《农桑辑要》（1272 年），系统记载莴苣笋的栽培和加工方法。详录如下："莴苣、作畦下种，如前法（注：指菠菜栽培法），但可生芽。先用水浸种一日，于湿地上布衬，置子于上，以盆碗合之，使芽微出，则种。春正月、二月种之，可为常食。秋社前一二月种者，霜降后可为腌菜。如欲出种，正月二月种之，九十日收。"这段记载详细地指出，不同季节的栽培方法、如何适时播种及播种前催芽，以利出苗是关键。

莴苣笋嫩茎可供鲜食、生食、凉拌、炒食……。它清香、鲜嫩、爽脆、味美。也可加工腌制、酱制、干制。江苏邳县等地的苔干、陕西潼关的酱莴笋都是我国名特产。

我国古代就已发现，食莴苣笋可以促进产妇泌乳、助消化，它含有多种营养物质且有药效［参见第八章第一节（八）］。

莴笋的茎和叶中有白色乳液 —— 莴苣素（C11H14O4），以前曾称为 InuLin，略带苦味，有轻度止痛及催眠作用。

莴苣笋的清香可口，深受文人雅士的青睐。唐诗圣杜甫亦喜此物，且在宅边小园中亲手栽培。哪知播种后二十余天，不见出苗，却长出满地野苋。他扫兴之余，提笔写了长诗《种莴苣》，泄发心中愤恨。诗云："苣兮蔬之常，随事艺其子。破块数席间，荷锄功易止。两旬不甲坼，空惜埋泥滓。野苋迷汝来，宗生实于此。……翻然出地速，滋蔓户庭毁。"此诗主意是借题发泄当朝小人当道，以邪压正，正人君子却横遭欺凌，揭发朝廷不正之风。

从农业技术而言，诗翁种莴苣笋没有掌握技术，失败当然难免。

（1）不了解莴苣笋出苗特性。它喜冷凉，种子发芽适温为 15℃，超过 25℃发芽困难。生长适温为 11～18℃。诗翁当时所在四川，气温较高。播种不适时，气温高，当然不能出苗。

（2）播种前未催芽。莴苣笋播种前先行催芽的方法，已见前述元代《农桑辑要》。现在一般采用的方法是：先用水浸种子 4 小时左右，用布包好后，放入冰箱低温催芽。保持种子湿润。约经 5 天，微萌芽后取出播种。以前没有冰箱，古人将种子吊在井中水面上催芽（温度 16℃左右）。催芽后播种，容易出苗。

（3）应注意苗床管理技术。须先精心准备小块土地作苗床，充分浇水，渗透后薄覆土，再播种、覆土，保持苗床土壤水分与荫蔽。

至于莴苣笋不出苗、为什么长出满地野苋呢？其原因主要是选地不当，所用的是生荒地，以前很少或没有种过农作物，土壤贫瘠，且土中野草种子很多。野草（尤其是野苋）的生命力强，在高温干旱情况下，也能苗壮成长，所以莴苣笋不出苗，野苋却是"强者为先"，乘势苗长，满地蔓生。如果所选用的土地为菜园土，或经常种其他农作物，土中很少野草种子，即使莴苣笋不出苗，也不会遍地生出野苋。

宋陆游《新蔬》诗云："黄瓜翠苣最相宜，上市登盘四月时，莫拟将军春荠句，两京名价有谁知？"（注：两京指长安、洛阳两处，均为国都）。

上述两首诗及上述有关史册所载文，反映了唐、宋国人喜食莴苣笋的心态，更反映我国莴苣笋生产发展史的情况，即唐朝我国莴苣笋栽培已普遍，到宋朝，其栽培技术进一步提高，抢早上市，争取高价，已行商品生产，市场销售兴旺。

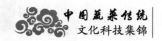

十、炎暑佳蔬话丝瓜

丝瓜别名天络、天罗（中药名），古名水瓜、布瓜等。它为葫芦科一年生草本植物，原产印度，传入我国最迟在公元 6 世纪。在我国南部栽培尤广。我国自古以丝瓜的嫩果作蔬菜，直到现在它仍是我国高温淡季的主要瓜类蔬菜之一。

丝瓜不仅美味，且生长强健，栽培管理简便。以往在我国农村（尤其是水边）常成片栽培，近来城镇宅前屋后的隙地也多零星栽培。夏日在丝瓜棚中，翠叶黄花欣欣向荣，丰收在望，夜间一家老小团坐瓜棚下晚餐，品茶纳凉，或三二乡亲，一壶清茶叙旧……历来是乡间悠闲消暑胜境。在城镇隙地生长的丝瓜，夏日绿荫清幽，凉风习习，又可随时采摘嫩瓜、品尝时鲜消暑。

丝瓜有普通丝瓜和棱角丝瓜两类，后者瓜上有纵向棱角条纹，在广东多栽培。

丝瓜性喜高温和湿润，在 30℃时，仍能正常开花结果。茎蔓性，长达10 米以上。多分枝，有卷须，需搭棚架引蔓上爬。陆续开花，花黄色，雌雄同株异花。为使多结瓜，应促使多生雌花。在分枝上易生雌花，中后期所生雌花易结瓜。所以善种丝瓜应该尽量引蔓上爬，多生侧枝是栽培技术之关键。雌花开后两周就可采嫩瓜，每隔数天采一次，采收期可长达两个月以上。

夏秋之际，瓜荫浓郁，黄花似金，翠瓜细长，随风轻荡，增添美的景色。古今墨客骚人，常喜以丝瓜入画或入诗，既消暑又抒情。笔者童年曾见一幅丝瓜图，其友人题字曰："张公身长，画中瓜长，画艺更长。"虽聊聊数笔，意趣绵长，至今记忆犹新，印象深刻。

宋杜北山咏丝瓜诗："数日雨晴秋草长，丝瓜延上瓦墙生……"它生动地描绘出夏秋之交雨后，丝瓜蔓迅速攀升上墙，并大量开花结瓜。由此亦可见宋代种丝瓜已经很普遍，是美食更是美景。

清刘锷《老残游记》中有"老圃黄花"之句，是谈晚夏在一个兴旺的北方老菜园中，盛开成片黄色的丝瓜花，大伙正高兴地等待采收的愉快心情，从中可见华北也多丝瓜栽培。

丝瓜络是老熟丝瓜生成的强韧之网状纤维，可为洗濯工具，器物去污去腻的上好用材，家家户户必备。丝瓜络还是宝，清灶台，洗濯碗盏除油去垢。

宋赵梅隐《咏丝瓜》诗云："黄花褪来绿身长，百结丝包困晓霜。虚瘦得来成一捻，刚偎人面染脂香。"诗人经细察并描写丝瓜开花、花谢并老熟成瓜络的过程，它的特色及用途。诗的大意是美丽的黄花谢了，成为绿色瘦长的瓜。绿瓜又逐渐褪色，成为枯干坚韧千丝百结裹成一束，还挂在初霜半空的瓜络，它已没有生命，任你捏捻。可是当它和你的脸面相依偎的那一刻，它已经为你的脸做了护肤、保洁去脂全套美容。

宋陆游《老学庵笔记》中盛赞丝瓜络为砚瓦保洁的效果，曰："涤砚磨光，余渍皆尽，而不损砚。"可见放翁对丝瓜络的功效非常满意，欣喜之余，记上一笔。

鲜嫩丝瓜中的营养物质含量较高，有木聚糖、瓜氨酸、钙、磷等矿物质，维生素 B、维生素 C、皂苷等。维生素 B、维生素 C 有防皮肤衰老、增白等作用。

中医中药亦称天络。丝瓜有药效 [参见第六章第一节（十二）]。

我国自古以丝瓜的嫩果作菜用，一直至今日，无论南北大地，农村城镇人民都知道嫩丝瓜可作蔬菜。烹调方法多样，供炒食、做汤等，并视为炎夏佳蔬。有些欧美人还很奇怪，中国人竟吃竹（事实上是以竹笋作蔬菜）。这些都反映我国的蔬菜种类多，并讲究烹调食用的方法，国人因此饱享"口福"了。

令人奇怪的是，不少欧美人直到现在，还不知道嫩丝瓜可食用且味美。他们只知道用丝瓜络作工业去污保洁剂。把老熟的丝瓜络代替海绵应用，所以称丝瓜为"海绵瓜"。

上述事实似乎是日常生活中的一个小例，但深入思考后，发现它却可昭示中华民族悠久文化内涵的事实。这是我们祖先的辛勤劳动、聪明智慧，

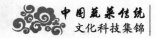

给后代人民生活带来了许多方便与幸福。华夏子孙应该饮水思源，珍惜祖先丰硕的恩赐，认真学习先祖，发奋图强，立足本职与本位，献出智慧与才能，为圆中国梦、强国魂作出贡献。

十一、古诗咏其他蔬菜

除了本章上述各节的蔬菜以外，再将古诗咏其他蔬菜（包括野菜）述如下。

（一）芋

《唐诗三百首》王维《送梓州李使君》诗："……山中一夜雨，树杪百重泉，汉女输橦布，巴人讼芋田……"诗意：万壑古树高耸云天，千山深处杜鹃啼转。山中春雨一夜未停，树丛梢流滴百泉。四川的农妇辛劳地以橦木花纹织成布，献给地方官吏。当地人们又会因争芋田发生纠纷。诗人笔下写出。当地的民俗风情，并劝勉李使君应深入基层，为当地百姓谋福利。

宋陆游很重视芋代替粮食、救荒的作用。他写诗云："莫笑蹲鸱少风味，赖渠撑拄过凶年。"（注：蹲鸱为芋古名。）

梁沈约《行园》诗："……绿芋郁参差。"

从上述三首诗可以指出，古代芋为菜粮兼用。唐、宋朝我国种芋已普遍，芋更为四川农民所重视。

（二）豆

魏曹植《七步诗》："煮豆燃豆萁，豆在釜中泣。本是同根生，相煎何太急。"

曹操有子：丕、植，曹植有才能，善诗词。曹丕继王位后，妒忌其弟植之才能。故植咏此诗以表态。此诗虽咏豆，其实是反映古代政治人物之勾心斗角。但曹植能七步成诗，实为奇才。

晋陶渊明《归田园居》诗："种豆南山下，草盛豆苗稀。晨兴理荒秽，带月荷锄归……"从这首诗可以看出，诗翁的勤劳和他高超清逸的品格。

宋杨万里《咏蚕豆》诗："白花翠荚傍畦低，桑女轻筐采更携，磊磊绿珠嵌凤眼，纷纷红袖剥香泥。"

（三）白菜（古名菘）

宋陆游《菘》诗："雨送寒声满背蓬，如今真是荷锄翁。可怜遇事常迟钝，九月区区种晚菘。"

（四）菠菜

清人有诗："红咀绿鹦哥，金镶白玉板。"这是指江南人喜吃的菠菜烧豆腐。菠菜叶绿根红（俗名为"鹦鹉菜"或"红根菜"）。豆腐烧后，外呈金黄色，内为白色。江南民间传说，清乾隆帝南巡时，看到这诗，吃了菠菜烧豆腐，十分欣赏。

清末进士杨恩元"咏菠菜"《西江月》词："嘴上红飘一点，身上绿蔓千茎。鲜鲜寒葅荐菠菜，味兴晚菘同咏……"表达了作者对菠菜形、色、味赞扬之情。

（五）茄

唐柳宗元诗句："珍蔬折五茄。"

梁沈约《行园》诗："紫茄纷烂漫，绿芋郁参差。"

（六）薤

古人视葱与薤为高尚珍贵之蔬菜。苏轼诗云："细思种薤五十本，大胜取禾三百廛。"

魏甄后诗："莫以鱼肉贱，捐弃葱与薤。"（注：薤，菜名，俗称"荞头"，用于腌渍，略似腌渍大蒜头。）

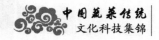

（七）笋

我国古代诗人咏竹的很多。例如，苏轼的名句："宁可食无肉，不可居无竹。"杜甫诗："平生憩息地，必种数竿竹。"

古诗人咏笋的也不少，举例如下。

杜甫诗："远传冬笋味，更觉彩衣香。"

白居易诗："每日逐加食，经时不思肉。"

范成大诗："舍后荒畦犹绿秀，邻家鞭笋过墙来。"

温飞卿《锦城曲》："蜀山攒黛留晴雪，簝笋蕨芽萦九折。江风吹巧剪霞绡，花山千枝杜鹃血。"诗意：天转晴，还留一些残雪，四川的山色翠绿。满山是竹笋和蕨芽，正像多曲折的山路。江风吹来多彩霞，满山又开遍红杜鹃花。（注：簝，专编器皿的竹材。）

（八）百合

苏轼诗："堂前种山丹。"（山丹即百合）。陆游诗："……更气两旁香百合。"

（九）慈姑（古名茨菰、慈菰）

白居易诗云："树暗小巢藏巧如，渠荒新叶长茨菰。"

（十）枸杞

我国自古食枸杞，至少已有 3000 年历史。《诗经》载："陟彼北山，言其采杞。"《山海经》中也载有杞。唐代诗人陆龟蒙在家中种枸杞，并写《杞菊赋》。

杨万里咏枸杞诗云："枸杞一处浑落成，只残红乳似樱桃。"

（十一）金针菜（萱草、黄花菜）

李白诗："托阴当树李，忘忧当树萱……"

（十二）野生蔬菜

1. 蕨

智圆《赠林逋处士》诗："风摇野水青蒲短，雨过闲园紫蕨肥。"

杨万里"《与主簿叔蔬饮联句》："蕨含春味紫如樱，酒入春风浪似山。"

2. 蒌蒿

苏轼《惠崇春江晓景》诗："蒌蒿满地芦芽短，正是河豚欲上时。"

3. 巢菜

陆游《巢菜并序》诗云："冷落无人佐客庖，庾郎三九困饥嘲，此行忽似馈津路，自候风炉煮小巢。"（注：蟆津路，地名，今四川省眉山县东。）

4. 莼菜

苏轼："采莼正值艳阳天……"（注：其他参见第四章第二节。）

5. 荇菜

王维《青溪》："漾漾泛菱荇，澄澄映葭苇。"［注：其他参见第四章第四节（六）。］

下篇

第六章

历代蔬菜食用科技

第一节　古人评蔬菜的效益

中国古代不仅重视蔬菜栽培技术，也重视蔬菜食用科技。中国古代蔬菜生产的特点之一，是在家庭菜园中种一些保健蔬菜，菜、药兼用。随时可供食用，保持家属的身体健康；既实惠，又方便。所以古人评价不同蔬菜的效益，不仅重视其口味；也兼顾其营养、药效等其他食用价值。古人以很简单的设备条件，在蔬菜食用科技方面，做了大量的工作，积累了很多宝贵的知识与经验，传诸后人。以下予以介绍（本节内容只包括传统蔬菜，近代引进的不少蔬菜种类，虽然其中也多口味好、营养价值高的，但不列入本节的内容）。

（一）白菜

南北朝时，南齐的文惠太子问名士周颙："菜食何味最佳？"周答："春初早韭，秋末晚菘。"（注：菘是古代的白菜名）。南宋范成大《田园杂兴》载："拔雪挑来塌地菘，味如蜜藕更肥浓。"

上段大意指出深秋气温下降、经"霜打"过以后的白菜，风味很好，

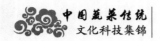
甚至比"蜜藕"还要味美。早春气温上升后，春韭的风味也很好。这里的"菘"包括白菜（青菜）或大白菜（结球白菜）。以现代的观点来说，上段所述的内容仍旧很合理。（注：对上述范成大诗内容的解释详见下述附注。）

（二）芥菜

我国芥菜的种类多、用途广。《本草图经》载："芥处处而有之，有青芥，似菘有毛，味极辣，茎叶纯紫，可作菹（注：切碎成细泥）最美。"《本草纲目》载："四月食之谓之夏芥，芥心嫩苔谓之芥蓝，瀹（注：煮）食脆美。"

中国芥菜，自古腌制食用。古代还将芥菜种子制成芥酱或芥辣，作调味品。《青浦县志》(1879 年) 载："取子研为膏，谓之芥酱。"《川沙县志》载："芥子入药。"

（三）芹菜

唐杜甫诗："鲜鲫银丝脍，香芹碧润羹。"

（四）荠菜

苏轼致友人信曰：荠是"天然之珍，虽小甘于五味，而有味外之美。"

（五）马兰头

《蔬食斋随笔》载："……物贱人不争，因得骋所欲。……淘美草木滋，可以废粱肉。"

（六）萝卜（古名：莱菔）

元朝许有香赞萝卜说："熟食甘似芋，生食脆梨。"北方冬季取暖，常食生萝卜以"清火"。萝卜供作菜，不仅味美，烹调食用方法多样，且有菜、药兼用之效。

南朝名医陶弘景著《名医别录》载："莱菔性凉，味辛甘，入脾胃二经；

消积导滞，镇咳化痰，宽中下气，清热止血。……主利五脏，益气。"

（七）胡萝卜

胡萝卜有菜、药兼用之效。《本草求真》载："胡萝卜能宽中下气，去肠胃之邪。补中健食，补中安五脏。又能清热，解麻疹热毒。"

（八）芜菁（蔓菁、葑）

《吕氏春秋》载："菜之美者，具区之菁。"高注云："具区、泽名，在吴越之间"。菁指芜菁，芜菁不仅为美味优质蔬菜，且可代粮，古代重视它作为救荒菜［参见第四章第四节（四）］。

（九）巢菜（野苕子、野豌豆）

宋苏轼云："菜之美者，吾乡之巢。"（注：指巢菜，为四川俗名），他并作诗咏巢菜。苏轼是四川人，古代四川人尤其爱食巢菜。宋陆游也爱食巢菜，并作诗云："自备风炉煮小巢。"这些都说明野菜的风味好。

（十）豌豆

元代《农本新书》载："有豌豆，如近城郊摘食豆角卖"（注：指嫩豆角）。清代《植物名实长篇》载："豌豆苗，作蔬极美，蜀中谓之豌豆颠颠。"

（十一）扁豆

扁豆适于宅旁、篱边隙地零星种植，可于高温淡季供作菜用，兼作观赏用。其种子、花、叶都为中药材，我国自古作药用。《名医别录》、《本草纲目》等书中都载扁豆。它的药效是健脾和中，消暑化湿。治暑湿呕逆、呕泻等症。

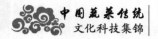

（十二）丝瓜（别名：天络）

丝瓜不但是炎夏消暑佳蔬，且有药效，其中药名为天络。丝瓜的果、叶、茎等全株可入药。叶内服能消暑热，外用可解毒、止血等。鲜瓜叶可擦治顽癣，干燥者可作皮肤创伤止血药。丝瓜络有行血、通络、解毒等药效，还适用于风湿痛、肿痛等。

（十三）苦瓜

元代《宫殿记》载："……名红姑娘，外垂绛囊，中含赤子，酸甜可食。"

（十四）山药（古名：薯蓣、藷薁）

山药自古菜、药兼用，《山海经》、《南方草木状》、《四时纂要》中都载山药。据《群芳谱》载："山药性甘，温平无毒，镇心神，安魂魄，止腰痛，治虚赢，健脾胃，益肾气，止浅化涩。服久耳目聪明，轻身不老。"由此可知，山药自古入药保健，药效甚大。一直到明清时代，江南地区农家，仍普遍种山药以自给。

（十五）大蒜

《齐民要术》引《博物志》曰："张骞使西域得大蒜胡荽。"大蒜自古至今，不仅为主要蔬菜及调味品，且具有杀菌保健之功效，我国自古重视。据孙炎《尔雅正义》云："帝登崮山，遭猶芋毒，将死，得蒜啮食乃解。遂收植之，能杀腥擅虫鱼之毒。"陶弘景《名医别录》载：大蒜具消肿、除风邪等药效。

（十六）韭菜

（1）春韭。春初早韭之美味，已见上文。杜甫也有"夜雨剪春韭"的著名诗句。

（2）韭黄。陆游诗云："新津韭黄天下无，色如鹅黄二尺馀。"

（3）韭菜花：五代时书法家杨凝式曾写过《韭花帖》，盛传至今，它使韭菜花的名声更大了［参见第五章（二）］。

（十七）水芹

《吕氏春秋·本味》："菜之美者，云梦之芹"（注：水芹）。

（十八）莼菜

唐元稹诗云："莼菜银丝嫩……"

（十九）荇菜

《齐民要术》引《诗羲疏》云："荇菜，以苦酒浸之为菹，脆美可案酒。"

（二十）莲、藕

莲、藕及其加工制品之味美、营养丰富，素负盛名。"味如蜜藕更肥浓"句已于上述。它指出美味食品可比喻为蜜藕。李渔《芙蕖》云："其可口，则莲与藕皆并列盘餐，而互芬齿颊者也。有五谷之实，而不有其名。"莲藕有消瘀清热、止血健胃等药效，莲蓬、莲心等都可入药。

（二十一）茭白（古名：菰、雕胡）

宋朝朱长文记述："隋大业中……吴郡献菰菜蕈二百斤，其菜生于菰蒋根下……和鱼肉甚美。"

唐杜甫诗云："滑忆雕胡饭……"（注：雕胡为茭白的种子）。

（二十二）菱

古代用菱供食用及祭祀，古文记述"屈到嗜菱……夏日则食菱芡……"

（二十三）笋（竹笋）

唐白居易认为竹笋是："蔬菜中之第一品位者。"李笠翁《闲话偶寄》曰：

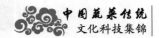
"笋、此蔬食中第一品也，肥羊嫩豕何足比肩。"又曰："从来至美之物皆利于孤行"。他认为："笋是至美之物，但吃笋不要多加调料，更显其本色、本味。"宋朝释赞宁著《笋谱》指出笋出土后，"一日曰蔫，二日曰䇡。"应于笋刚出土时，及时采收供食，以保持鲜嫩的品质。

（二十四）百合

百合为菜、药、花多功能植物，我国自古食用，有滋补保健功效、补中益气、养阴润肺、止咳平喘、止血等药效。

（二十五）薑（姜）

《论语》及《说文》中都载姜。古代姜桂并用，不仅供药用，也供菜食。

（二十六）枸杞

宋黄庭坚评枸杞云："仙苗寿日月，佛界承雨露。"
明王世懋《瓜菜疏》载："枸杞苗，草中之美味。"
枸杞菜、药兼用，有补肾益精、养肝明目等药效，为保健珍品。

（二十七）黄花菜（金针菜、萱草）

明代王世懋著《花蔬》载："萱草忘忧，其花堪食。"《本草纲目》载："萱草利胸膈，安五脏，轻身明目，及治小便赤涩。"清代《青浦县志》(1909～1911年)载："金针菜，采萱花，曝干之。"当时家庭中多种黄花菜，采花、晒干，供保健用。

（二十八）香椿

《庄子·逍遥游》载："上古有大椿。"宋代《本草图经》载："椿木实而叶香，可啖。"《农政全书》载："其叶自发芽及嫩时，皆香甘，生熟盐腌皆茹。"清《上海县志》(1871)载："椿芽菜作蔬最佳。"

注：对上述范成大"拨雪挑来塌地菘，味如蜜藕更肥浓……"两诗句

的补充意见：应该指出，这两句诗的内容很好，也可确信。但是，从蔬菜栽培技术观点来说，"菘"如果是指大白菜，则必须指出，大白菜（尤其是充分包心以后）不耐雪、冻，故冬季应及早采收，免受冻害。在华北严寒地区，有立冬节抢收大白菜的习惯。当然不能待漫漫大雪以后才收菜了。所以这句诗的内容有地区局限性，不宜盲目引用。但是，范成大是南宋人，他写诗中的内容是指当时杭州的情况。笔者以亲身的经历（包括隆冬在杭州采收和烹调大白菜），认为该诗的内容是符合实际的。并对该诗句的内容作如下的解释：①诗中的"菘"是指杭州传统的名产大白菜品种，俗称"黄芽菜"（在上海市场上曾称为"嘉兴黄芽菜"）。该品种质优、叶色鲜黄白色，且较耐寒，在杭州主供春节火锅食用。加入调料等后食用，当然会"味如蜜藕更肥浓"。②杭州地区冬季的气温不太低，雪量不大。经积雪以后及时采收大白菜，既不受冻，又可增进口味。③必须选用大白菜优良品种，适时采收，掌握烹调技术，才能使大白菜"味如蜜藕"。④诗中的"塌地菘"，不是指现代的塌棵菜，南宋时还没有塌棵菜。那么，大白菜为什么又会塌地呢？原来大白菜株中有不少外叶，这些外叶经霜、雪后，逐渐塌地倒下。采收时，首先应将这些塌地的外叶切除，才能取出叶球，所以"拨雪挑来塌地菘"的诗句，描写雪后实地采收大白菜的情景，描写很细致，也反映诗艺水平很高。

第二节　创制豆腐与豆芽菜

豆制品是中国蔬菜类食品中的一个主要组成部分，在豆制品中尤以豆腐与豆芽菜最重要。不论地区南北、城市乡村，它俩都是我国家家户户、日常必不可少的大众化副食品。它俩不仅制作方便，价廉物美、食味鲜美、营养丰富，且烹调多样又能增加严寒、高温"淡季"蔬菜的供应，可称为中国蔬菜类食品的特色。

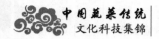

（一）豆腐

我国制豆腐的历史悠久，考证其历史，不能不提到汉朝初期，汉高祖刘邦之孙——淮南王刘安。刘安一生爱"炼丹"，但却在无意中炼出了我国最主要的素食品——豆腐。据传我国的豆腐作坊，历来将刘安作为豆腐祖师。他的生日是九月五日，这一天，我国的豆腐业从业者，都会公祭他。这真可以说是：一人得豆腐，养活千万家。

不过，制成豆腐并非简单，刘安制成豆腐仅是开端。在汉朝，豆腐并未普及，其凝固状态与口感，都远不如后世的，还不能进入烹饪主体。

经过后人的改进，一直到唐朝，豆腐才成为如同后世一样的正常豆制品。据传，唐朝随着佛界鉴真法师东渡（注），豆腐也随之传到日本，使日本人也会制豆腐和开始食用豆腐。

我国的文人当然很欣赏豆腐，也有一些咏豆腐的诗。

明代苏平《咏豆腐》诗云："传得淮南术最佳，皮肤褪尽见精华。一轮磨上流琼液，百沸汤中滚雪花。瓦缶浸来蟾有影，金刀剖破玉无暇。个中滋味谁知得？多在僧家与道家。"这首诗把制豆腐的全过程，包括将黄豆磨碎、浸水、磨细、滤净、煮沸、加入石膏与盐卤、凝聚、加压而成为豆腐写得淋漓尽致，最后还指出，豆腐尤其为佛界与道家提供珍贵的食品。

宋代朱熹《咏豆腐》诗云："种豆豆苗稀，力竭心已苦，早知淮南术，安坐获帛布。"诗中所述"淮南术"，就是指制豆腐的技术。

宋代苏轼《又一首答二犹子与王郎见和》诗云："脯青苔、炙青蒲，烂煮鹅鸭乃瓠壶。煮豆作乳脂为酥。高烧油烛醉蜜酒，贫家万物初何有？古来百巧出穷人，搜罗假合乱天真。"此诗中"煮豆作乳脂为酥"，指烧豆浆，并以煮葫芦代烧鹅烤鸭待客的典故，借以说明豆腐也可做成像荤菜一样的食品。

我国国人历来重视素食，由于豆腐及豆芽菜的制成，再度发展，制成素鸡、素鹅等多种豆制品，使我国餐桌上的素食更琳琅满目了。

（二）豆芽菜

豆芽菜主要是黄豆芽和绿豆芽。我国制作和食用豆芽菜的历史也很悠久。例如，明代王象晋《群芳谱》（1624 年）中曾述及绿豆芽的制法："先取湿砂纳瓷器中，勿令见风日，一次淘水洒透。侯其苗长寸许，摘取蟹眼，汤焯过，以料庵（注：切碎）供之。"16 世纪后期高濂著《尊生八笺》中载寒豆（豌豆）芽的制法。在《图经本草》（1601 年）和《山家清供》中都载豆芽菜。陈疑（1534 年）曾咏《豆芽菜》云："有彼物兮冰肌肉质，子不入于污泥，根不资于扶植，金芽寸长珍蕽（音生）。"豆芽菜的生产技术，和一般蔬菜栽培不同，它的基本制作原理和生产技术如下：它是于室内，以容器密封，在不见日光处制成的。它利用豆粒中贮藏的养分，避光又不施肥；但需保持适当的水分和温度，使豆粒萌芽生长而成的芽苗菜。所以它也可作为一种蔬菜植物。

豆芽菜是家常菜，所含营养丰富。在干豆粒中所含维生素极微，甚至没有。但制成豆芽菜以后，维生素 C 含量就显著增高，绿豆芽中维生素 C 的含量特别高。我国传统说法，认为绿豆芽很"清凉"，这是可信的。此外，豆芽菜中的维生素 A、维生素 B、等含量也都增加。

以下介绍制豆芽菜的方法。

1. 绿豆芽传统制法（清代到民国时期）

通常用木桶作容器，其高度与直径为 40 ～ 60 厘米，桶底中央设排水小孔（直径 3 厘米左右），以便排去多余的水分。桶中约可装 10 千克豆粒。夏季天热，于清早用冷水浸豆 4 小时，取出，放入桶中，其上盖严。至当天下午三时左右，豆粒已因发芽而微热，打开桶盖，淋冷水，水量宜多，务使桶中各部分温度均匀降低，至下午七时，再淋水一次。如此经四天后，豆芽长达数寸，即可取出供食。

冬季天冷，宜择温度较高之室制豆芽。以温水浸豆 12 小时（一般为上午 6 时至下午 6 时）。放入桶中，密封紧盖，桶上加盖厚稻草保温。夜间用温水淋 1 ～ 2 次。以后白天淋温水 2 次，夜间 1 次，经 5 ～ 6 天后，可取出供食。

此法生产虽然简单，但需有经验，方可减少风险。

2. 绿豆芽现代制法

制绿豆芽的时期通常为 5 ～ 9 月。

（1）选用适于制豆芽的优良品种。去杂、去劣，精选饱满之豆粒，发芽力强。所用容器应清洁，可先用石灰水消毒。

（2）用 25 ～ 27℃清水浸种 8 ～ 10 小时。洗净种子，平铺于容器中，厚约 10 厘米，盖严（加盖草包、蒲包等）。保持容器内完全黑暗。

（3）绿豆芽发芽适温为 21 ～ 27℃。制豆芽过程中，浇水是关键技术。不仅豆粒发芽需要水分，且由于豆粒发芽时，呼吸作用加强，放出大量的热，使容器内温度上升，浇水又可降低容器内的温度。

高温期间浇冷水可降温，天冷时浇温水可保温。一般夏天每 3 ～ 4 小时淋冷水一次，冬季 6 ～ 8 小时淋温水一次。淋水以后立即将容器盖紧，严禁光线入内，并保温、保湿。还应保持室内适温。

（4）豆芽长达 1.5 ～ 2 厘米时，（"扎根"时）特别要防止温度变化剧烈，引起烂根或生长停滞。

（5）一般经 5 ～ 7 天，豆芽长达 8 ～ 10 厘米，子叶未展开时，及时采收。

3. 黄豆芽现代制法

制黄豆芽的时期，一般为 10 月至第二年 4 月。

（1）制黄豆芽适温为 21 ～ 23℃。其豆粒吸水速度比绿豆芽快，以 25℃温水浸种 2 ～ 3 小时即可（夏天可不浸种）。在同样大小的容器中，用种量可比绿豆芽多 1/4。

（2）冬季每 6 ～ 8 小时淋温水一次，夏季每 3 ～ 4 小时淋冷水一次。当豆芽"扎根"时，要特别注意控制适温。以防伤芽，发生"红根"、腐烂。

（3）一般经 7 ～ 9 天，芽长 10 厘米左右，子叶尚未展开时，及时采收。每 500 克黄豆，一般可制成豆芽菜 2.5 ～ 3 千克。

现代市场上已有豆芽机出售，以豆芽机自制豆芽，更易掌控技术，也更方便。此外，近期上海郊区农村始创"水培芽苗菜"供自家食用，并成为冬季农村家庭蔬菜新宠。

注：唐代天宝元年（公元724年）鉴真法师首次东渡去日本，先后四次均未成功。第五次漂流到海南岛，双目失明，未成行。但第六次坚持东渡，最终成功到达日本。

第三节　传统蔬菜加工名特产

蔬菜是重要的副食品，但因为它鲜嫩，经贮藏过久，不但品质下降，且易变质腐烂。所以需要采用蔬菜加工，不但可以延长其供应期，而且可改进鲜菜的风味，蔬菜加工又可合理利用鲜菜的残次产品。

古代家庭自给式蔬菜加工，可以根据本家庭的口味习惯，生产具有乡土特色风味的蔬菜加工制品，以满足家庭的消费。这种传统的简易蔬菜加工，自己动手，自己享受，也是一种家庭生活的乐趣。此外，还可以利用家庭多余的劳力，发展家庭蔬菜加工副业生产。因此随着社会的发展，蔬菜加工事业也逐步发展。其规模逐步扩大，或成为加工商品生产，甚至成为大型蔬菜加工企业。本节介绍的主要是传统的简易蔬菜加工。

我国蔬菜加工不仅历史悠久，而且加工技术及其制品丰富多彩，在不同地区往往有其蔬菜加工特色产品。在介绍蔬菜加工内容以前，首先有下述问题值得先提出参考。

目前我国人民的生活已逐步改善，副食品供应琳琅满目、中外俱全，是否还需要蔬菜传统加工制品呢？

笔者想起最近有关生活方面的两件琐事，可以用事实回答上述问题。

第一，在上海的《新民晚报》2014年4月副刊"夜光杯"中，刊登了

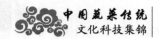

一篇小品文。文中提及该文的作者写信给远在上海的亲戚，请他代买上海南京东路第一食品商店出售的酱大头菜。

第二，最近有亲戚去杭州旅游回来，谈到杭州市场食品供应非常好；但是唯一见到景阳观食品店的顾客仍排队购买酱菜〔注：据笔者所知，上述上海第一食品商店出售的"大头菜"，是"云南大头菜"。它是由芜菁甘蓝（俗称"洋大头菜"）酱制成，紫黑色，质紧脆，味鲜且香。可单独食用，或与其他蔬菜等炒食，则味更美。至于杭州之景阳观食品商店，以酱菜（如乳黄瓜、豆豉等）闻名〕。

上述两则反映，我国人民的生活条件虽然日益改善了，美食更多；但是蔬菜传统加工名特制品，仍然是群众念念不忘、日常生活中难以缺少的。这也许可说我国人们还有"莼鲈之思"吧。

我国蔬菜传统加工方法主要有以下几个类型。

一、干制

蔬菜干制是一种既古老，又简易、大众化的加工方法，尤其适于家庭自给式的加工。其开始时期很久，已难考证。蔬菜干制加工有下列特点：①干制设备较简单，技术较易掌握，生产成本较低。②干制品的水分含量低，干物质含量相对增高。在防虫、防潮的贮藏条件下，保存期较长。③重量轻，较易携带与运输。

干制采用的加工能源，一般是自然加工干燥，也就是利用日光晒干。应用最普遍，成本最低。也有采用人工干燥能源，如烘干等。

直到明清时期，江南地区家庭菜园中，常种黄花菜，采收鲜花，晒干制成金针菜。

江南地区传统的蔬菜干制加工名产品有梅干菜、笋干菜、笋干、萝卜干、甘薯干等。

全国传统蔬菜干制名特产品更多，如金针菜、香菇、木耳、玉兰片（笋干）、辣椒干、苔干等。

二、腌渍

腌渍菜（广义的包括腌菜、泡菜、酸菜等）也是我国古老的蔬菜加工产品。目前它所包括的范围广泛，全国各地有其特产品，也是我国最大的蔬菜加工产品之一。

我国腌菜、酸菜制品的历史，可以远溯至上古时期，上古时期先人常以蔬菜作菹，以供祭祖。"菹"就是原始型的腌菜、泡菜。《诗经•小雅•信南》载：瓜"是剥是菹。"（注：瓜皮可作腌菜、泡菜。）"诗经植物"荇菜，"为菹脆美可案酒"。

蔬菜腌渍须加盐，一般食盐的浓度达 10% 左右，保持品质就较安全。在蔬菜腌制过程中，都有发酵，主要是乳酸发酵，其次是酒精发酵。制泡菜或酸菜时，需要利用乳酸发酵，但制腌菜或酱菜时，要控制乳酸发酵，勿使超过一定的限度。

江南地区的腌白菜、雪菜（雪里蕻）、笋干菜等腌菜是闻名的，在此基础上衍生梅干菜、倒笃菜（容器倒置）。这些都是当地普遍的家庭自制加工菜。雪菜等加工已发展为大规模商品经营。

我国闻名的腌渍菜是四川榨菜，风味独特。它于 1898 年起源于四川省涪陵邱寿安创制成，1913 年开始大批量运销上海，惊动上海。目前除畅销国内地区以外，也为重要的外销蔬菜加工商品之一。榨菜是以茎用芥菜（鲜榨菜）为原料，腌制而成。其加工制菜的程序包括晾菜、剥剪、揉菜、下池腌制、翻池鲜菜头上囤、拌药装坛、晒坛后熟。

京冬菜为北京、天津地区腌渍加工名菜，略有甜味。它的原料是利用大白菜收后的老叶片，切成丝状。每 100 千克晒干到重 10～20 千克。按干菜每 100 千克，加入食盐 12 千克，充分揉拌，装入缸内，加压、紧封口。两三天后，再按每 100 千克腌菜，加入蒜泥 10～20 千克。装入瓷坛，压紧封口。次年春供食用。

此外，我国腌渍菜的名产还有四川的泡菜、东北的酸菜等。

注1：现代韩国制的酸菜，也是闻名的特产。

注2：近代简易泡菜制法：（以萝卜泡菜为例）将萝卜条用开水焯过，不倒去焯过的开水。待开水冷透后，加入镇江白醋和冷却的萝卜水、及少量的盐、蜂蜜、干辣椒，然后密封容器。待泡3～4天以后，就可以打开供食，质脆味酸甜可口。用此法制泡菜，可以不用泡菜坛，但所应用的容器必须十分洁净，不能有一点油腻。

三、酱制

酱菜是我国历史悠久、食用普遍且品种多样的优质蔬菜加工制品之一。西汉史游《急就篇》载："酱、以豆合面而为之也。"《梁书》载："孝武为王元模作四时"诗云："匏酱调秋菜，白醝（注："醝"字原指"盐或咸味"）解冬寒。"可见我国以豆制酱始于西汉，五代以前就有多种酱菜。（注：但"酱"字在我国上古时代已应用，《礼记·内则》载："鱼脍芥酱。"这个"酱"字应解释为菜切碎后成酱状，而不是指今后的豆、面制成的酱。）我国的酱菜，最初也是家庭自制，自家以豆、面制酱。再以瓜、萝卜、姜等为原料，做成酱菜。自家制的酱，风味鲜美，当然以此制成的酱菜也美味。一直到明、清甚至民国时期，我国有不少家庭（尤其是农村）常自制酱菜。

随着社会的发展，酱制蔬菜逐渐成为商业经营。

蔬菜酱制的工序，包括：①原料选择及处理。②腌渍。③酱制。酱制应用的酱及酱油，是色、香、味等"五味调和"，不仅风味鲜美，而且营养丰富；具有足够的氨基酸、B族维生素。酱菜常用的蔬菜原料有菜瓜、黄瓜、乳黄瓜、辣椒、萝卜、姜、莴苣笋、大头菜（常用"洋大头菜"）、胡萝卜、宝塔菜（草石蚕）等。此外，南方的豆豉、什锦酱菜、北方的酱黑菜及糖醋制品（糖醋大蒜、糖醋萝卜等）都是酱制特色产品。

北京、扬州、镇江、广东、陕西潼关等地是我国酱菜的著名产地。北京六必居酱园闻名国内外，至今已有 500 余年的经营历史。

我国传统的加工名产制品，还有蜜饯制品。

第四节　传统蔬菜烹制名特产品

一、名花、姜是美食保健奇品

俗语说："春食花，夏食菌，秋食果，冬食菜。"历来在我国的蔬菜中，有一些是以花供作菜用，其历史也很久。最早的是黄花菜（萱草），其他有韭菜花、油菜花（菜苔）等。还有一些地方食槐树花、玉兰花、玫瑰花等。在近代引进我国的蔬菜中，花椰菜、茎椰菜（"西兰花"）也是以花（原始花序）供作菜用。其实古代还有以其他花供食的珍品。

（一）槐树花

在我国北部农村中多槐树，其花色白，有清香，当地人们也爱食槐树花。槐树花的食法通常有：①蒸食。加入面粉后蒸，待蒸熟，加入蒜泥、麻油即可食，或再放入油锅中，加鸡蛋等炒，香酥可口，且粉糯如上品点心。②制糕。以槐树花、面粉、玉米粉混和后，蒸成糕，香气四溢，食味佳。③干制。采槐树花，晒干。天冷时加肉等炒食，别有风味。

（二）荷花粥等

"接天莲叶无穷碧，映日荷花别样红。"赏荷消夏是十分有趣的，岂知荷花更有美食佐餐的奇效。

《诗经·郑风》载："山有扶苏，隰有荷华（花）。"说明古人很欣赏荷花。

李渔评荷花《芙蕖》："其可鼻，则有荷叶之清香……，其可口，则莲实与藕，皆并列盘餐，而互芬齿颊者也。无一物一丝不备家常之用者也……"所以荷的全身中，花和叶也都有佐餐美食、以至保健的功效。

荷花入粥是古代闻名的美食。以鲜花洗净，加入优质大米、百合等，可煮成清热去暑的荷花粥。柔滑细腻，且有香味，实为特色美食珍品。

当年宋代苏轼在西湖吃了荷花粥后，十分赞赏，乘兴作诗云："身心颠倒不自知，更识人间有真味。"荷花清心益肾，可使黑发常驻，脸色红润，肌肤如绢，延缓衰老。

元朝还喝荷花茶。

此外，唐朝中期已有吃绿荷叶包饭的习惯。柳宗元为此曾有诗云："青箬裹盐归峒（注：少数民族）客，绿荷包饭趁墟（注：古代闽粤等地的集市）人。"（《柳州峒民》）。

自古至今，杭州有一道著名菜肴——荷叶粉蒸肉，它是以鲜荷叶包裹肉、面粉、调料等，蒸制而成。食味十分鲜美，且清香扑鼻。连不吃肉的人闻之，也会馋涎欲滴，念念不忘。

我国国人还食荷叶粥，是以薏米、百合、山药等，加入少量鲜嫩荷叶煮成，具有保健良效。古人还以鲜荷叶泡茶。

现在中医还推广荷叶菜肴食疗法，如荷叶陈皮鸡，以鲜荷叶、陈皮、丁香粉等煮鸡肉。

（三）菊花佐食等

自古以来我国以菊料植物作为蔬菜或保健品，其种类颇多。当然，它们一般是以叶供食用，如茼蒿、马兰头、南京的菊花脑等。

屈原的《离骚》载："朝饮木兰之坠露兮，夕餐秋菊之落英。"说明我国自古以来就以菊花供食。

古人爱食菊花羹，于清晨采鲜嫩菊花洗净，调入鸡蛋羹中，食味清柔，并有花香。

以菊花供食，更有养生长寿之功效。清代郑板桥爱饮菊水，并作诗云："南阳菊水多耆旧，此是延年一种花，八十老人勤采啜，定教霜鬓变成鸦。"陶渊明在他的诗中常提到"服菊食"，并说："菊解制颓龄。"

陆游以菊花为药枕，他作诗云："采得菊花作枕囊，曲屏深院闻幽香，唤回四十三年梦，灯暗无人说断肠。"

现代中医药有菊花饮，以菊花 20 克、桑叶 15 克、蜂蜜 25 克煮汁。可治感冒。国人还吃菊花粥，取鲜菊花 30 克煮汁，取出汁水，加入小米煮成粥。可散风热、清肝火。

直到近代，人们还常以杭菊花、茉莉花、金银花等花泡茶以保健。还以桅子花（花瓣）、紫藤花、茉莉花等作菜佐食。

以"西安事变"闻名的张学良将军，晚年仍在台湾山区被长期幽禁。常以玫瑰花瓣酿醋吃，这也许是他能长命百岁的"秘方"之一吧！

古代还食梅花、桂花等。宋代人们吃梅花汤饼，蜜饯梅花雪霞汤。

明清时期江南人爱吃梅花糕。在清朝袁枚著《随园食单》中详述梅花糕。直到现代江南人仍吃梅花糕。

现代云南还吃梅花饼，香甜糯。（据说此饼始于 300 年前清代。）

（四）食姜

孔子很重视食姜，《论语》载："不撤薑（姜）食。"姜为重要的调味和保健品，我国自古食用。《千字文》载："果珍李柰，菜重芥姜。"宋代的一些著名文人也重视吃姜。朱熹说姜"通神明，去秽恶"。王安石说姜"能强御百邪，故谓之姜"。苏轼更强调食姜的功效，他作诗云："先社姜芽肥胜肉。"有一次，他在镇江焦山品尝鲥鱼时，乘兴作诗云："芽姜紫醋炙银鱼，雪碗擎来二尺余，尚有桃花春气在，此中风味胜莼鲈。"因为在这道鲥鱼中，加入一些姜片，所以鱼味更加鲜美，使他赞赏。可见姜是一种必不可少的美食调味保健食品。在苏轼的《东坡杂记》中，还载："钱塘净慈寺（注：即杭

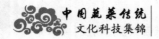

州著名古刹净慈寺）中的一位老和尚，已八十多岁，'面色仍如童子'，自云：'服生姜四十年，故不老耳。'"《本草纲目》载："姜味辛，微温无毒，久服去臭气，通神明，归五脏，散烦闷。解药毒，安脾胃，发散和中。可疏、可和、可果、可药，其利博之。"

但是，食姜应少量，不宜过多。所以古人常在舌底下含一片"还魂姜"。

二、传统蔬菜烹制名特产品

除上述有关各节中已简述一些蔬菜的烹调以外，下面再将四种主要传统蔬菜的名特烹调加工制品作简介。

（注：①本节中所用的度量衡为旧制，一斤为十六两。②其时代一般为清代前后。）

（一）大白菜

（1）腌白菜。

（2）干闭瓮菜。

（3）水被瓮菜。

（4）干白菜。将菜洗净，煮至半熟。晒干，再加盐、酱、香料等煮熟，晒干。需用时，稍煮后就可供食。

（5）腌酸白菜。将菜叶五斤切片，加盐四两、陈醋半斤，糖四两，腌入缸中，以手揉搓。隔日捞出稍捏干，装入缸中。再用醋、糖液浇入，混匀固封缸口。数月后可取食，酸美异常。

（6）"倒笃"白菜（焙白菜）。将菜叶洗净，略晒干，切碎，装入坛中。以小火焙之（小火烘），烘至叶色变黄为度（约八分干）。每斤菜中加入炒盐六两腌。每天揉三次。过七天，加入香料，将菜装入缸中。按紧，再将缸倒竖使盐水沥尽后，装入坛中。压紧，用泥封坛，到夏天开坛取出菜供食。

（7）糟白菜。用隔年好酒糟，每斤菜中加入盐四两拌匀。将白菜切去上部叶片，只留叶柄（"菜帮"），于阴处稍晾。每两斤菜中用糟一斤，把菜叶和糟成层放入坛中。隔一天翻动一次。等糟透后，将菜取出，分株，卷作一团。用菜叶扎好，再放入坛中，用原来的汁水浇满后封坛。长久后开坛，取菜供食，味很美。

（8）京冬菜。

（二）萝卜

（1）红烧萝卜。

（2）萝卜丝鲫鱼汤。

（3）饭锅萝卜。

（4）生拌萝卜。

（5）萝卜干。

（6）萝卜松。用萝卜细丝，挤去辣汁。入油锅炒。略熟，加入切碎的火腿丝，再稍炒。以后加猪油、葱再炒。再加盐或酱油。稍炒至萝卜丝酥，取起。

（7）奶油萝卜。将萝卜切成荸荠大小块，稍加鲜汁汤，煮熟，再加适量牛奶煮之，使萝卜稍粘锅即可，然后加盐起锅。

（8）醉萝卜。将长萝卜切成四块，用线穿过，晒七分干。每斤萝卜用盐四两腌透，再晒至九分干。放入瓶中按紧，加入好烧酒，勿封口。以后萝卜稍发臭，略呈杏黄色，即可食用，如能以好香糟塞瓶更好。

（9）盐渍萝卜。将洗净的萝卜，浸入盐水中一昼夜，就可切开食用。

（10）糟萝卜。以萝卜条拌盐，放一天，洗后，略晒，放入坛中。糟与萝卜成层放入，压紧（至八分紧为度），封口。经一月后可食。

（11）五香萝卜干（嘉兴腌萝卜）。用白萝卜十斤，盐两斤，红糖及酒各一斤，甘草末一两、茴香末一两。将萝卜切丝，用盐腌入坛中，以手搓透，上压重石。次日捞起，摊开，晾至半干。仍放入缸中，用原卤汁再腌一夜。再捞起，摊晒至半干。取出装入缸内，再浇入甘草红糖液，固封缸口。隔一

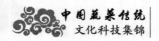

个月可取食，味极香脆。

（三）山药

（1）蒸山药泥。为山药加糖、猪油、香料及各种馅子所蒸煮成。品种很多，依所用的馅子不同，有桂花山药泥、玫瑰山药泥、豆沙山药泥等。可说是传统甜食品中最可口的。

（2）百丝山药。将洗净的山药入锅蒸。去皮，切成长一寸多的斜角片。用糖加少量水溶化，再熬透成为稠液。将切碎的山药倒入锅中，与糖液炒拌即成。因它遇冷后会成细丝状，故名百丝山药。

（3）煎山药。去山药皮，浸入水中，切成斜长形薄片，放入油锅中煎熟后，加糖食用。

（4）煮山药。剥去山药皮，洗净，加少量糖，去其涩液，煮熟即可。

（5）烧素鹅。将山药煮熟，去皮，切成一寸左右段。用豆腐皮包好，略加酱油、香料等，放入油锅中煎即成。

（6）薯馒头。将去皮的山药切碎，加入十分之四的面粉及少量水，入锅中蒸为馒头。

（四）竹笋

（1）盐笋干。将笋的老头切去，剥去笋壳，剖成四片（长两寸左右）。用盐揉透，晒干备用。

（2）油笋。将嫩笋切成段，长一寸左右，蒸熟，加入盐及香料等，拌匀。晒干，装入坛中。用熟麻油浇满，密封。经数月后可食。

（3）黑笋。将笋切成斜条，用盐水煮烂，晒干后放入坛中，经数月后即成。

（4）糟笋。冬笋不去皮，揩净。用筷穿通笋节，装满香糟。再用香糟裹于笋外，将大头部分朝上，放入坛中，用泥封口。到夏天可取出食用。

（5）笋粉。将嫩笋切成薄片，晒干后磨成粉，放入坛内。到无笋的季节开坛，取一匙供食，极妙。

（6）笋油。将笋十斤蒸一昼夜，穿过笋节，放在板上榨取其汁。再加入炒盐一两，便成为笋油。以后将它放入菜中烹调，味极美。已榨过油的笋，仍可晒干后供食用。

（7）蜜笋。用笋十斤，带壳蒸至七分熟。去壳，切成花杆状，用蜜半斤将笋浸一小时左右。使干，再用蜜两斤煮透，放入笋中，拌匀，再放入磁器内贮藏。

（8）肉馅笋。将肥大的笋切去首尾，穿通笋节，以肉米、香菇等混合，填入笋内。再加些酱油、酒蒸熟。切块后可供食用。

（9）凉拌笋。用去壳的嫩笋，以刀敲成疏松状。蒸熟后，切成斜条。再用酱油、麻油拌后食用。

（10）玉兰片。将冬笋切片，加些盐，烘熟后供食用。

（11）淡笋干。

（12）油焖笋。

（13）笋干菜。

第五节　古代蔬菜烹饪科技研究著作

（一）概述

在人民的日常生活中，蔬菜是重要的副食品之一，所以说："食以绿为贵。"中国自古以来就重视蔬菜。在上文中已述及中国蔬菜的种类历来较多，汉代张骞通西域以后，带回多种蔬菜，以后又陆续从国外引进一些。

随着历史的发展、人口增加、人民生活逐渐改善，加以蔬菜种类增多等，不仅促进蔬菜生产技术的发展，也推动了蔬菜烹饪技艺的进展。

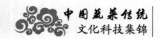

　　中国的疆域辽阔，不同地区人民的口味往往差异较大，加以我国有一些人强调素食，这样更促使我国蔬菜烹饪技艺的多样化。由粗到精，由食味平淡到鲜美。当然也推动我国历代蔬菜烹饪科技研究的发展。历代文人搜集整理蔬菜烹饪科技研究事迹，记述于书册，传至四方，传诸后代，并成为我国饮食文化历史中一个重要的组成部分。

　　例如，《礼记·内则》载："鱼宜苽"，意思是茭白宜炒鱼片食用。在《诗经》中记载荇菜，《齐民要术》引"诗义疏"云：荇菜，"以苦酒浸之，脆美可案酒。"《周礼》又载："芹菹之"，即水芹菜宜作酱食用。这些说明我国在上古时期已经开始有原始的蔬菜烹饪技艺。

　　南北朝北齐《食经》中介绍蔬菜的烹饪技艺，并详述莼菜羹的制法。

　　随着历史的发展，蔬菜的烹饪技术，更美、更多样化了。

　　宋代著名诗人陆游很注意蔬菜的烹饪技术，亲自动手，经验丰富，并记述于他的诗中。

　　例如，他的《咏荠菜》诗中，讲到烧荠菜加调料等的技艺：

　　"不着盐醯（注：酱）助滋味，微加姜桂发精神。

　　风炉歕钵穷家活，妙诀何曾肯授人？"

　　这说明陆游对烹制荠菜的调味等技术有一套"秘方"了。

　　《齐民要术》中也详载莼菜的烹饪法。至于《本草纲目》虽是中医药名著，其中也载几种主要野菜烹制食法（参见第七章第二节）。

　　上述的只是一些零星记载，我国历代在蔬菜烹饪科技研究方面，还有不少专著，但是古代把它列入饮食研究著作之内，详见下述。

（二）古代蔬菜烹饪科技研究专著

　　我国古代的蔬菜烹饪科技研究专著，一般都列入饮食研究专著之内，所以只能从饮食研究专著中去了解历代蔬菜烹饪科技研究专著。

　　民以食为天，我国人民自古以来很重视饮食。在我国五千年古文化历史中，饮食文化是其中一个重要的组成部分，也是一个很出色的部分。

关于饮食之道方面，孔子曾有不少教诲，如"食不厌精"，"不熟、不食"（意思是：不成熟不吃），"不得其酱不食"（菜肴中如果没有酱，不吃）等。

在魏、晋、南北朝时期，饮食文化和烹饪技艺已有一些研究专著。例如，西晋的《安平公食学》、南齐的《食珍》、北齐的《食经》是有代表性的著作。

隋、唐时代是我国历史上文化高度发达的时期，奠定了名闻四海的"中华料理"（即中国菜肴）的基础。长安城成为当时世界上的大城市，饮食业十分发达，有很多菜肆和美食铺。饮食专著有《烧尾食单》。

宋朝的饮食烹饪技艺有了大发展，南宋迁都杭州，这是我国饮食习惯和烹饪技艺的一次跃进。当时食用的蔬菜种类增多，也促进了蔬菜生产技术的快速发展，加以饮食商店林立，食品种类琳琅满目，当然烹饪方法更美、更加多样化。这些情况都详载于《梦梁录》、《惊梦华录》。

元代的饮食专著有《倪云林集》、《饮膳正要》、《居家必用事类全集》。

明清时期是我国饮食文化发展最盛的时期，正如本书上述，清代食用的蔬菜种类几乎和民国时代相似。蔬菜种类增多后，当然也会促进蔬菜烹饪技艺和饮食业的发展。

清代著名的烹饪专著有顾仲的《养小录》、李润元的《醒园录》、曾懿的《中馈录》、薛宝辰的《素食说略》及《蔬食斋随笔》等，记述了不少美食家的食谱。在《中馈录》中记："只此畦蔬园蓣（注：野菜、菜肴）致餐既美于珍馐"。

在我国历代的蔬菜烹饪技艺（列入饮食烹饪技艺内）专著中，应特别强调清朝袁枚著的《随园食单》。

袁枚（1716～1797 年）生于康熙 55 年，钱塘（今杭州）人，是一位出色的美食理论家和实践专家。他是乾隆年间的进士，曾在江宁（南京）等地，当过四任知县。但他年届不惑就辞官，迁居江宁。在当地小仓山筑随园，自号"随园老人"，以吟诗著书自娱。他著有《随园诗话》、《随园随笔》、《随园食单》、《小仓山房诗文集》等 33 种诗文集。他不仅爱谈论饮食烹饪，更潜心研究烹饪技术，亲身实践，他的热情实属难能可贵。

《随园食单》是一本影响很大的烹饪典藉，该书的最大成就，是把我国古代的烹饪经验和当时厨师们实践的心得结合起来，并加以系统地整理和总结，使其上升为理论。

这本书分为《海鲜单》、《江鲜单》、《特性单》、《小菜单》、《杂蔬单》等共计14单。书中述及"一芹一菹皆珍怪"、"豆腐得味，远胜燕窝"。这些都可认为是烹饪技术的经典之一。也说明袁枚强调吃蔬菜等素食之美。

在《随园食单》中载茭白、马兰头等蔬菜的烹饪方法（马兰头摘取嫩者，醋合笋拌食）。其他述的蔬菜类菜肴有芋煨白菜、煨木耳、香珠豆、杨花菜等。

《随园食单》还将他积四十余年的经验，所搜集到的三百余款我国佳肴美点的制作、饮食方法，记载入书中，在我国饮食文化史上是一项极大的贡献。

《随园食单》杰出的烹饪理论和实践，曾被江南一带厨师奉为秘典。

该书于20世纪40年代以前曾多次出版，1976年由日本人青木译成日文版。

我们尊重"中华料理"，当然也应该重视有关它的历代专著——《随园食单》等，在其中包括我国历代蔬菜烹饪科技研究的精华，这是我们祖先辛勤劳动的恩赐。

我们强调"振兴中华"，必须增强人民的体质。所以在饮食领域中，应该更重视蔬菜的食用。我们要认真学习先哲的实干苦干精神，不断提高蔬菜烹饪技艺，力求创新，使蔬菜烹饪技艺更科学、更精美，发挥更大的保健作用。必须避免烹饪污染，确保食品安全，以求增强体质，预防疾病，达到健康长寿，造福人民。继续大力弘扬中华美食文化，为国争光。

第七章

野生蔬菜

第一节　概　述

　　中国野生蔬菜的种类很多。在上古时期（早期）还没有蔬菜栽培，那时祖先只能采摘鲜野生蔬菜（以下简称野菜）供食。此后，虽然蔬菜栽培逐步发展，但是野菜仍旧是相当重要的蔬菜。

　　在本书上述各节中，已述及的野菜种类颇多。例如，荠、马兰头、罗汉菜、巢菜（野苕子）、香椿、野竹笋、枸杞、蒌蒿、荇菜、莼菜等。以下再就我国其他野菜种类及其食用情况，作较系统的介绍。

　　上古时期，我们的祖先在漫长的历史过程中，逐渐认识野菜，并采野菜供食。早在三千年以前的《诗经》中已载"采菲、采薇、采艾、采苓"等。记述当时先人采食多种野菜的情况。《诗经·周南·关雎》也咏一位少女在溪边采摘野生荇菜的场面（参见本册第四章第四节）。我国有很多野草或其他野生植物,这些野草（野生植物）中有很多具有药效,自古列为中药材。但本章内容仅包括野草中可供作菜用的野菜。

　　我国古代的自然灾害（水、旱、蝗、风等）频繁，再加以战祸，形成"赤地千里，哀鸿遍野"的悲惨情景。以前有一首"凤阳花鼓"的民谣，词曰：

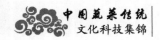

"说凤阳……自从出了朱皇帝（注：明太祖朱元璋），十年倒有九年荒，大户人家改行业，小户人家卖儿郎……"直到明代，自然灾害还是十分可怕。在这些灾难年代，粮食断绝，灾民只能抢采野菜充饥。野菜真成为"救命稻草"了。所以，在古代，野菜的救荒效应是不可轻视的。

明代名仕徐光启，十分关心百姓疾苦，在其《农政全书》中，曾载灾民争摘野茭白、荠、马兰头等充饥的悲惨情况。

虽然到了近代，蔬菜栽培已经十分发达，但是我国疆域辽阔，在广大边远地区（尤其是山区、草原等地方），野菜在当地还是很重要的。

有些野菜的口味清香鲜美，或所含营养物质较丰富，具有保健良效；加以野菜不施农药。由于这些原因，即使在近代繁华的城市中，蔬菜供应虽很好，人们仍旧爱食一些野菜，在市场上也出售野菜。至于在城市郊区的人们，能有机会亲自去田野中动手挑野菜，以鲜菜供食，更是一种享受田园生活的乐趣。

我国古代先人著有不少关于野菜的书籍。例如，《千金食治》、《食疗本草》、《救荒本草》、《本草纲目》、《神农本草经》、《本草拾遗》、《野菜经》等。在《救荒本草》中记载可食植物414种。明代的《野菜经》中，记载救荒野菜60种，且在每一种野菜文中附诗一首，诗意凄凉。

不但我国历代先哲曾收集、研究野菜。近代甚至外国学者也曾研究中国（上海）的野菜、野草等植物。1934年 Porterfield W. M. 曾出版《上海郊区路边植物》。书中包括"草头"、罗汉菜等野菜。（参见本册第五章第八节——"闲话马兰头及罗汉菜"。）

第二节 主要野生蔬菜的食用

随着我国食用野菜的时期愈来愈久，先人逐步掌握野菜食用方法的多样化。

我国野菜的基本食用方法有下列几种。

（1）生食、凉拌。对无毒、无苦涩味的野菜可用。洗净、开水焯过，加调料后食用。

（2）炒食、作馅。荠菜作馅，特别清香。

（3）蒸煮。一些具有苦涩味的野菜（如野水芹），在水中浸泡数小时后再蒸煮。

（4）腌渍。如蕨菜、蕺菜用糖醋浸渍后食用，很可口。

（5）干制。许多野菜可干制，马齿苋干制后作馅，有特殊风味。

［注：在朝鲜山区的松林下，群生一种野菜。其形似白菜，但叶边为锯齿状。当地人将它腌渍供食，色香味似雪菜，有辣味（加调料）］。

在小说《西游记》的菜肴中有很多野菜，最有趣的是"樵子献斋"那一段，数十种菜肴全是野菜。例如，嫩烧黄花菜、酸虀（注：切细泥）白鼓丁（蒲公英）、浮蔷马齿苋、江荠雁肠菜、烂煮马兰等。

而且这几十种野菜，竟用几种烹调方法。例如，嫩焯、酸虀、烂煮等，风味各异。

唐僧师徒四人功成名就，凯旋回朝。唐太宗设素宴，其中不少用野菜为材料。例如，甜美蘑菇、姜辣野笋、面筋椿树叶、木耳豆腐皮、蕨粉干薇、烂煮蔓菁、糖浇香芋、石花仙菜、上蜜调葵等。

李时珍在《本草纲目》中，曾记述野菜的烹调食用方法。例如，马兰头味如酪。又曰："马齿苋处处园野生之，……人多采苗煮晒为蔬。"又曰：鱼腥草，"山南江左人好生食之。"又曰："蕨菜其茎嫩时采取，以灰汤去涎滑，

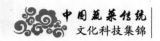

晒干作蔬。味甘滑，亦可醋食。"明末清初冒襄著《影梅菴忆语》中，记述董小宛善于腌制野菜。书中载："使黄者如蜡，碧者如苔，蒲藕笋蕨、鲜花野菜、枸蒿蓉菊之类，无不采入食品，芳旨盈席。"这段文字反映了古人精心烹制、加工野菜的厨艺，和当时调制野菜的热门场面。

今日食用野菜可说也是现代生活的一种时尚享受。这些来自山野的植物，登堂入室，在众多名厨手中脱胎换骨，成为席间佳肴，名副其实的山珍野味。

下面再介绍几种主要野菜的近代食法。

（1）马齿苋。焯过以后炒食、凉拌、做馅。例如，马齿苋炒鸡蛋、蒸马齿苋馅包子。或煮清热止痢的大蒜马齿苋菜粥，为清火祛热佳品。

（2）蕨菜。去掉鲜蕨菜叶柄上的绒毛、尚未展开的叶苞，入沸水焯过，切丝。又将海蜇丝在沸水中焯过，透凉，与蕨菜、盐、味精、葱、酱油拌成凉拌美食。

（3）蒲公英。为清火祛热佳品。例如，蒲公英绿豆汤。方法：洗净、水煮，取出滤液、弃渣。将滤液放入锅内，再放入洗净的绿豆，闷煮至烂。略加些糖，即成清热消火汤。

蒲公英在我国一般认为是野草，其根、茎可入药。

蒲公英的花朵很可爱，英文名为 dandelion，在国外，它很闻名，常见于文学作品。此外，在法国，蒲公英早已作为蔬菜栽培。

吴耕民教授著的《蔬菜园艺学》（1946 年）中，已载蒲公英，并将其列入"生食蔬菜类"。该书中记述有关蒲公英的内容，抄录如下。

蒲公英，别名：白鼓钉、蒲公草、黄花地丁、婆婆丁、金簪草、黄花郎、满地金、苦马菜等。据《野菜谱》：白鼓钉一名蒲公英。为欧洲原产，我国到处自生。法国自古采食嫩叶，为法国主要生菜（salad），数十年来，蔬菜栽培者从事改良野生种。该书中并载蒲公英的栽培方法。

第三节　野生蔬菜的营养或药效

有一些野菜中含有较多的营养物质，有的还具有药效，对人体健康有益。今将有关资料（资料来源不同）介绍于后，供作参考。

（1）荠菜中，含蛋白质、碳水化合物、人体必需的矿物质，每 100 克菜中，含有维生素 C68 毫克。蕨菜和马兰头每 100 克菜中，含维生素 C35 毫克、11 毫克，维生素 A 分别为 1.68 毫克、1.06 毫克。野水芹、野苋中，钙的含量特别高，每 100 克菜中的含量，分别高达 160 毫克、200 毫克。在野苋中还含有丰富的粗纤维，对治疗便秘、结肠癌都很有益。

（2）马齿苋是保护血管的微酸"宝贝"，它能促进胰岛素分泌、降低血糖浓度。对糖尿病有一定的治疗作用，对心血管有保护作用。

（3）蕨菜中富含氨基酸、多种维生素、微量元素，还含有蕨菜素等特有的营养素。它味甘寒，具有清热、滑肠、降气、驱风、化瘀等功效。常食可治高血压、防风热毒、头晕失眠、子宫出血、慢性关节炎等症，对流感也有一定的预防作用。

（4）蒲公英所含营养十分丰富，既可菜食，又可入药，为很有价值的保健食品，有清肺、散结、消痈、养阴、凉血、舒筋固齿、通乳益精等功效。现代医学认为，蒲公英有良好的抗感染作用。

（5）野水芹可消暑生津、降血压，有清热解毒、润肺、健脾和胃、消食导滞、利尿、止血、降血压、抗肝炎、抗心律失常和抗菌的作用。

（6）香椿含有大量的维生素 B、维生素 C，对于提高肌体免疫功能，润泽肌肤有良好的效果。更适于女孩多吃，是保健美容佳蔬。

（7）马兰头所含营养物质丰富，主要是维生素 A、维生素 C、钙［注：详见本册第八章第一节（九）］。

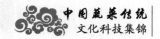

第四节　采食野生蔬菜应谨慎

采食野菜必须谨慎，千万不能随意采食，因为不少野草中含毒素，如果采野草误食后会引起各种不良反应，严重者甚至丧命。所以采野菜时，必须严格注意：①对认识、熟悉的野菜才采，不认识或难以确定的，绝对不采。②采食的野菜应该新鲜，充分洗净，宜用水洗、泡 1～2 小时。③野菜的食量应适度，不宜过分食用。④多数野菜性寒凉，所以脾胃虚寒者或有过敏性者，应慎重。⑤误食后，如发生不良反应，应及时去医院治疗。

关于误食"野菜"的中毒症状，有以下几种。

（1）生物碱中毒。口渴、兴奋、高喊、瞳孔扩大。

（2）吗啡类中毒。恶心、口舌发麻、呼吸困难。

（3）甙类中毒。眩晕、麻木、走路摇晃。

第五节　近代关于野生蔬菜的研究

近代我国蔬菜园艺学界很重视野菜的研究。中国农业科学院蔬菜研究所于 20 世纪七八十年代，搜集整理我国各地的野生蔬菜。除上述种类以外，共计整理 52 种野生蔬菜。每种野菜附说明，包括形态、营养成分、实物图等，于《中国蔬菜栽培学》（1987 年版）刊出。此外，河南省出版社《河南野菜野果》。当然未整理入内的野菜种类还多。例如，在我国海拔 200 千米高处，有一种野生灌木状野菜，称为"树头菜"，俗名"雀不站"。春天芽苞长二三寸①时采食。河南南阳深山的乡村，在春天枳壳开花时，采其嫩叶，过水后

---

① 1 寸≈3.33 毫米

调菜吃。

近代我国有一些野菜已被逐步进行人工栽培。最主要先例是荠菜，在上海郊区早已人工栽培。四川的蕺菜（鱼腥草）、西北地区的蕨菜已开始在当地栽培（杨少东，1982 年）。

上海市农业科学院园艺研究，曾研究明、清时期食用的野菜种类。该所的研又指出，由于城市发展，空地锐减，目前在上海郊区仅松江区、崇明区等还生存着少量野菜。

根据该所于 20 世纪末的初步调查，除荠菜、马兰头、罗汉菜以外，当时上海郊区生长的野例如：

（1）野苋（刺苋、绿苋）。

（2）石生繁缕（地方名：鹅藤藤、抽筋草、小鸡草）。

（3）缘毛卷耳（地方名：猫耳朵、婆婆指甲菜）。

（注：缘毛卷耳是我国自古食用的野菜之一，《诗经》中有"采苓"之句。苓，就是卷耳。）

（4）野茭白。

（5）野水芹（别名：沟水芹；地方名：水湖芹）。

我们今天笑谈品尝野菜风味的时候，请不要忘记，我国长期贫穷落后，近代又遭帝国主义侵略，天灾战祸频繁。例如，清朝咸丰十年（1860 年）、十一年（1861 年），太平天国忠王李秀成，以重兵两度包围人间"天堂"杭州城中的清军，使城内的百姓饿死竟达七万人以上。我们的一些祖先在灾荒中，不得不挑野菜勉强充饥，过着悲惨的生活。抚今怀昔，饮水思源，今日国人安居乐业，丰衣足食，真是幸福，但是居安应思危，我们应该牢记在心中。

主要野生蔬菜名称

中国的野生蔬菜种类很多，除本册上述的常见野生蔬菜以外，其他的主要野生蔬菜种类名称如下（引自《中国蔬菜培养学》，1987 年版）：

（1）干苔，俗名：石发、头发菜。石莼科。

（2）蕨，俗名：蕨苔、蕨菜、龙头菜、鹿蕨菜。凤尾蕨科。

（3）蕺菜，俗名：鱼腥草、侧耳根、鱼鳞草、臭菜。三白草科。春季新生长业茎叶较嫩脆。一般用鲜茎叶加入醋、酱油等调味品凉拌做菜。

（4）野苕子，俗名：大巢菜、野豌豆。豆科

（5）假香野豌豆，俗名：大叶草藤、槐条花。豆科。

（6）紫苜蓿，俗名：紫花苜蓿、蓿草。豆科。

（7）鸭跖草，俗名：竹叶菜、淡竹叶、翠蝴蝶、耳环草。鸭跖草科。

（8）竹叶子，俗名：米汤菜。鸭跖草科。

（9）地肤，俗名：扫帚菜、落帚。藜科。

（10）桔梗，俗名：绿花根、铃当花、梗草。桔梗科。

（11）沙参，俗名：白参、南沙参。桔梗科。

（12）地瓜儿苗，俗名：地笋、地参。唇形科。

（13）夏枯草，俗名：铁色草。唇形科。

（14）野胡萝卜，俗名：红萝卜。伞形科。

（15）崩大豆，俗名：积雪草、雷公根、灯盏菜、马蹄草。伞形科。

（16）沟芹菜，俗名：野水芹。伞形科。

（17）小根蒜，俗名：野葱、山蒜、苦蒜、泽蒜。百合科。

（18）野韭菜，俗名：山韭菜、宽叶韭。百合科。

（19）野萱草，俗名：红萱、野金针菜、野黄花菜。百合科。

（20）萎蕤，俗名：竹叶三七、玉竹、女萎。百合科。

（21）黄精，俗名：老虎姜。百合科。

（22）天门冬，俗名：天冬、万岁藤。百合科。

（23）清明菜，俗名：佛耳草、鼠曲草。菊科。

（24）飞廉，俗名：大刺菜、仙鹅抱、大刺苛。菊科。

（25）苦菜，俗名：苦荬菜、拒马菜。菊科。

（26）山莴苣，俗名：苦芥菜、启明菜。菊科。

（27）笔管草，俗名：华北鸦葱。菊科。

（28）蒌蒿，俗名：藜蒿、芦蒿。菊科。

（29）辣子草，俗名：桃胡菜、向阳花、珍珠草、铜锤草。菊科。

（30）东风菜，俗名：山蛤芦。菊科。

（31）野菊花，俗名：苔薏。菊科。

（32）委陵菜，俗名：天青地白、虎爪菜、龙芽菜。蔷薇科。

（33）龙芽草，俗名：仙鹤草。蔷薇科。

（34）酸模，俗名：土大黄、莫菜。蓼科。

（35）酸模叶蓼，俗名：旱苗蓼、水红花、酸不溜。蓼科。

（36）何首乌，俗名：夜交藤。蓼科。

（37）紫花地丁，俗名：堇菜。堇菜科。

（38）珍珠菜，俗名：扯根菜、虎尾。报春花科。

（39）大青，俗名：路边青、淡婆婆、猪屎青。马鞭草科。

（40）酵刺苋，俗名：勒苋菜、野勒苋。苋菜科。

（41）青葙，俗名：野鸡冠花。苋科。

（42）牛膝，俗名：对节草、牛夕。苋科。

（43）海菜，俗名：水白菜。水鳖科。

（44）石生繁缕，俗名：小鸡草、鹅藤藤、抽筋草。石竹科。

（45）小米椒，俗名：朝天椒。茄科。

（46）野苋菜，俗名：刺苋、野刺苋。苋科。

（47）山土瓜，俗名：红土瓜、山红苕。旋花科。

（48）毛胶薯蓣，俗名：联粘粘、粘枸苕。薯蓣科。

（49）野珠芽薯蓣，俗名：毛山药。薯蓣科。

（50）小花琉璃草，俗名：蓝花菜。紫草科。

第八章

现代关于蔬菜营养及保健作用的研究

第一节　主要蔬菜的营养及保健作用

人们以蔬菜供食，不仅要讲究它们的口味，更应重视其营养含量，选食具有丰富营养的蔬菜，才有益于保健。蔬菜的种类多，它们所含的营养差异很大。今将现代关于主要蔬菜营养的研究及其保健作用简介如下。

（一）白菜

白菜是我国古今普遍食用的蔬菜，也是现代人们最爱食用的主要蔬菜之一，在蔬菜园艺学中，白菜类蔬菜的种类较多，主要分为白菜（俗称青菜、油菜）和大白菜（结球白菜，俗称黄芽菜、包心白菜等）两类，白菜和大白菜的品种也较多。不同类（或品种）的白菜，不但其形态、特性有差异，而且所含的营养成分也不同。本节白菜类的内容以白菜为代表，简介如下。

以往有句俗话硕："油肉重荤人灾难，白菜萝卜报平安。"这句话指出，常吃白菜和萝卜有益于人们的健康。

白菜不仅质嫩味鲜，烹饪多样；而且它含有丰富的营养物质。包括丰

富的维生素 C、维生素 A、磷、钙等矿物盐类。每 100 克鲜菜中含蛋白质
1.8 克、膳食纤维 0.7 克、维生素 C 45 毫克、维生素 A 0.60 毫克、维生素
E 10.24 毫克、钙 262 毫克、磷 33 毫克，还含微量元素锌及硒 0.40 毫克。
（注：本节所应用的养分分析资料，一般引自《上海地区食物成分表》，上
海卫生防疫站等编。）

又据研究，成人每天食大白菜 350 ～ 400 克。就可满足他一天对维生
素的需要。白菜中含有较多的膳食纤维，还可以增加胃肠蠕动，助消化、防
便秘等。

根据近代国外对白菜的研究，白菜中有能抵制亚硝酸胺吸收的微量元
素锌及硒（其锌的含量高于肉类）。还含有吲哚 -3- 甲醇的化合物，能促进
人体产生一种有效的抵制癌细胞生长和分裂的酶。（注：锌是人体必需的微
量元素，老年人尤其容易缺锌。）

白菜还含有丰富的维生素 A 和维生素 C。维生素 A 是天然的无毒的抗癌
物质，能减少咽喉、食管、胃肠等上皮组织的炎症，防止致癌物质引起的细
胞突变。维生素 C 能阻止致癌物质亚硝酸胺的生成，并抵制癌细胞的增生。

因此世界卫生组织拟向全世界不发达地区推荐发展白菜生产，藉以提
高贫困地区人民的健康水平，提高自身的抗癌能力。

上述有关理论是十分重要的，白菜的防癌保健作用也为我国人民的实
践所证实。但是作者再补充几点说明如下。

第一，蔬菜的种类很多，有一些蔬菜中所含的营养，甚至比白菜还要
丰富，当然也可能会有比白菜更大的防病保健作用。

第二，白菜类蔬菜的种类较多，不同品种的营养成分有差异，有时甚
至差异很大。塌棵菜维生素 C、维生素 A 的含量都显著高于其他白菜类。

第三，在同一种菜中，因为生长期长短不同，所含的养分会有差异。

第四，在同一棵菜的不同部分（器官）中所含的营养会有差异。

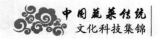

（二）芥菜

芥菜类蔬菜也有几个类型和较多的品种。芥菜类蔬菜（以下简称芥菜）的叶中含有硫代葡萄糖苷，经水解以后产生挥发性芥子油，故有特殊的辛辣味。芥菜中含有较多的膳食纤维，所以有一些芥菜品种多用于腌渍。芥菜中含有丰富的维生素 C，丰富的钙、磷等矿物质类，每 100 克鲜菜中，含维生素 C 53 毫克、维生素 A 0.64 毫克、钙 95 毫克、磷 47 毫克。但雪里蕻上述两项维生素的含量分别为 84 毫克及 1.46 毫克（北京资料）。虽然引用的资料来源不同，但是雪菜中所含维生素在芥菜类中是较高的，在全部蔬菜中也是最高的。

（三）芹菜

芹菜是汉代张骞通西域时传入中国的，它具有强烈的清香，是一种主要的香辛蔬菜。它肥嫩的叶柄是主要的食用部分。芹菜中含有较多的膳食纤维和维生素 C，丰富的钙、磷、铁等矿物质类及微量元素硒。每 100 克菜（叶）中含维生素 C29 毫克、钙 187 毫克、磷 35 毫克、铁 2.2 毫克、硒 0.58 毫克。芹菜还含有维生素 E，且有平肝清热、祛风利湿、降血压、养精益气、明目、润肺止咳等药效。

（四）荠菜

荠菜不仅食味清香鲜美，且含丰富的营养，尤其是维生素 A、维生素 C含量高。每 100 克菜中含维生素 A 3.41 毫克，维生素 C 68 毫克（它所含的维生素 A 比胡萝卜高），钙的含量高，为 175 毫克，磷 54 毫克，硒的含量高达 0.93 毫克。此外，还有荠菜酸、氨基酸、黄酮类等。

荠菜有药效始见于《名医别录》。有凉睛、止血、清热、利尿等药效。多用于目赤疼痛、眼底出血、痢疾、肾炎、水肿诸症。民间有"三月三、赛灵丹"的谚语。

（五）金花菜（菜苜蓿、草头）

金花菜是豆科苜蓿属的草本植物，我国在汉代已经人工栽培。它是我国自古至今普遍栽培的大田绿肥作物之一。它的嫩茎叶质柔味美，为江南人爱食的主要花色蔬菜之一。金花菜的营养非常丰富，尤其是蛋白质及维生素C、维生素A。每100克菜中含蛋白质5.0克，维生素C及维生素A的含量分别为102毫克、5.49毫克，在蔬菜中是极高的。

每100克菜中还含钙112毫克、磷22毫克。金花菜有较多的膳食纤维（每100克菜中为1.4克），具有良好的通便及其他保健作用。

（六）茼蒿

茼蒿是菊科一、二年生草本植物，在宋代《嘉佑本草》中始见关于茼蒿的记载。茼蒿的叶具清香，它含有丰富的营养物质，包括蛋白质，碳水化合物，以及铁、钙等矿物盐类，尤其是富含微量元素硒。每100克菜中含蛋白质2.0克，碳水化合物1.5克，膳食纤维0.9克，维生素C 6毫克，铁、磷、钙含量分别为12.0毫克、72毫克、83毫克，硒的含量特别高，为1.72毫克。茼蒿有清热、养生、降血压、润肺、清痰等药效。

（七）菠菜

菠菜含有维生素A、维生素C，以及铁、钙、钾等矿物盐类。每100克菜中，分别含维生素A 2.97毫克、维生素C 36毫克、铁5.7毫克、钙162毫克、钾976毫克、硒0.75毫克。菠菜的涩味较重，因为它含有草酸和单宁，如果草酸食用过多，会妨碍钙的吸收，所以在食用以前，宜先投入开水中稍煮一下，即可除去大部分草酸。菠菜不宜和豆腐同煮食。菠菜（包括菠菜根）有滋阴润燥、养血止血、排毒养颜等药效。

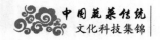

（八）莴苣笋

莴苣笋中含有丰富的维生素 A、维生素 C，以及钙、铁等矿物盐类。每 100 克莴苣笋叶中含维生素 A1.64 毫克、维生素 C15 毫克、钙 33 毫克、铁 2.2 毫克、磷 29 毫克，硒的含量极高，为 1.39 毫克。但在莴苣笋的茎（笋）中，维生素 A、维生素 C 的含量仅分别为 0.06 毫克及 4 毫克。莴苣笋茎中的维生素 C 仅为叶的四分之一左右，所以大家应该重视食用其叶。莴苣笋有清热、降血压、润肺、助消化、消肿、利尿、除口臭等药效。

（九）马兰头（马兰）

马兰头以嫩叶或幼苗供作菜用，具清香、略有涩味。它所含的营养丰富，尤其是维生素 A、维生素 C、钙、磷等矿物盐类。每 100 克菜中，含维生素 A 及维生素 C 分别为 1.06 毫克、11 毫克（但根据文汇报的资料，马兰头所含维生素 A、维生素 C 及维生素 B_2 分别为 2.02 毫克、26 毫克、20.13 毫克），它每 100 克菜中含蛋白质 2.5 克、钙 57 毫克、磷 32 毫克、硒 0.77 毫克。马兰头全草可入药，有清热、凉血、利湿、解毒等药效。可治急性咽喉炎、扁桃腺炎、牙周炎、结膜炎等多种疾病。

（十）芫荽（胡荽、香菜）

芫荽是汉代张骞通西域时传入中国的，所以古名胡荽。又因为它具有强烈的香辛气味，所以俗名香菜，芫荽为重要的香辛调料。芫荽中含丰富的维生素 A、维生素 C、烟酸及钙等矿物盐类。每 100 克菜中分别含维生素 C 93 毫克、维生素 A 1.40 毫克、钙 58 毫克、铁 2.2 毫克、磷 47 毫克、钾 223 毫克，硒的含量高达 0.88 毫克。芫荽中含有挥发性油，可开胃健脾，其果实可入药，有驱风透疹、健胃、祛痰等药效。

（十一）甘蓝（卷心菜、洋白菜）

甘蓝以肥大的叶球供食用。它的叶中含有丰富的营养物质，包括碳水

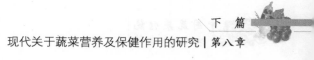

化合物、维生素 C 及钙、磷等矿物盐类。每 100 克菜中含量分别为：碳水化合物 3.6 克、维生素 C 33 毫克、钙 238 毫克、磷 48 毫克、钾 766 毫克及硒 0.86 毫克。

（十二）青花菜（茎椰菜、西兰花）

青花菜和甘蓝是同一类蔬菜，它以肥大的花球供食用，质嫩色美食味鲜；且具清香，是优良品质蔬菜之一。它所含的营养十分丰富，它的主要成分含量比甘蓝或花椰菜高。根据美国资料，每 100 克食用部分中，含碳水化合物 5.9 克，蛋白质 3.6 克，维生素 C 高达 113 毫克，维生素 A 5.24 毫克，钙 103 毫克，磷 78 毫克，铁 1.1 毫克。

（十三）萝卜

萝卜肥大的肉质根中含碳水化合物、维生素 C，以及钙、磷等矿物盐类，微量元素硒及锌。每 100 克食用部分中，含碳水化合物 3.1 克，维生素 C 23 毫克，钙、磷、钾分别为 93 毫克、17 毫克、449 毫克及硒 0.13 毫克。但是萝卜的品种较多，不同品种萝卜的营养有较大的差异。萝卜（包括萝卜叶）能预防皮肤老化、阻止黑色素形成，又能预防动脉硬化。《本草纲目》称萝卜为"蔬菜中最有利者"，有下气、消食、润肺、解毒、生津、利尿等药效。对抵制癌细胞生长及降低胆固醇有一定的作用。我国古代把萝卜作为滋补食品，俗话说："昆仑灵芝长白参，不如潍县（注：在山东省内）萝卜根。"清朝郑板桥在潍县当县令时，曾把潍县的青萝卜作为贡品。

（十四）胡萝卜（上海俗称红萝卜）

胡萝卜以肥大的肉质根供食用。它所含的营养极丰富，尤其是维生素 A 的含量很高。它又富含蔗糖，葡萄糖，以及铁、钙等矿物盐类。每 100 克食用部分中，含维生素 A 3.22 毫克，铁、钙分别为 4.1 毫克、61 毫克。胡萝卜是保健、防癌、抗衰老的理想食品。近代医药研究，胡萝卜有降血压、

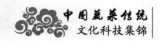

降血糖和防癌、抗癌的作用。

（十五）毛豆（菜用大豆）

毛豆是优质的保健蔬菜，它的豆粒中所含营养物质很丰富，包括蛋白质，碳水化合物，维生素 C，以及钙、磷等矿物盐类和硒，还含维生素 A、维生素 B_1、维生素 B_2 及多种氨基酸（尤其是赖氨酸）。每 100 克豆粒中含蛋白质 12.6 克，碳水化合物 12.1 克，维生素 C14 毫克，钙 126 毫克，磷 256 毫克，钾 625 毫克，硒的含量特别高，为 7.35 毫克，还含微量元素锌。

（十六）豌豆（寒豆）

豌豆是汉代张骞通西域时传入我国的，在我国自古至今普遍栽培。豌豆以嫩荚及嫩梢（豌豆苗）及豆粒供食用，质嫩、色美、味鲜。豌豆中含有丰富的蛋白质、碳水化合物、维生素 C 及钙等，在豌豆苗中维生素 C 含量更高。每 100 克豌豆粒中含蛋白质 11.2 克，碳水化合物 11.4 克，维生素 C12 毫克，钙 14 毫克，磷 166 毫克，钾 408 毫克，硒的含量高达 1.07 毫克。豌豆有和中下气、利尿、解毒等药效。

（十七）番茄

番茄果实中富含维生素 C，还含维生素 A，磷、钾等矿物盐类及番茄红素。每 100 克番茄果实中含维生素 C 24 毫克，钙、磷、钾的含量分别为 16 毫克、26 毫克、233 毫克，硒 0.52 毫克。番茄的果实可入药，有健胃、消食等药效，并可预防前列腺病变的发生，对高血压、心血管病等有一定的疗效。

（十八）辣椒

辣椒的果实中含有丰富的维生素 C，较多的维生素 E，还含有钙、磷等矿物盐类。每 100 克甜椒果实中，含维生素 C54 毫克，维生素 A 0.15 毫克，钙、磷、钾分别为 45 毫克、32 毫克、196 毫克，硒 0.75 毫克，甜椒的营养含量较尖椒稍高。辣椒温中开胃、行血消食，治寒滞腹痛、呕吐等症，对防癌有一定的作用。

（十九）草莓

草莓果实不仅色泽美丽，食味鲜嫩，并且有丰富的营养。除含有糖、有机酸等以外，维生素 C 的含量很高，还含有丰富的钙、磷、钾等矿物盐类。每 100 克果实中，含碳水化合物高达 8.0 克，维生素 C 高达 68 毫克，钙、磷、钾含量分别为 18 毫克、27 毫克、139 毫克，还含硒 0.30 毫克。

（二十）芋（芋艿）

公元前，芋在中国已经供食用。芋的球茎（芋头）中含有丰富的碳水化合物，以及钙、磷、钾等矿物盐。因球茎中有草酸钙，生食有涩味，只能熟食。每 100 克芋头中，含蛋白质 2.1 克、碳水化合物 17.1 克、钙 64 毫克、磷 41 毫克、钾 225 毫克、硒 0.63 毫克。芋的球茎和叶柄都可入药，其性平、味甘辛。中药中有芋艿丸，对淋巴结核、肿毒、甲状腺肿等有一定的疗效。

（二十一）山药（薯蓣）

山药以肥大的块茎供食，其叶腋间所生的零余子（俗称"山药蛋"）也可食用。山药为重要的滋补食品，它的块茎中含有丰富的淀粉，糖，蛋白质，以及钙、磷等矿物盐类，还含有富肾皮素。每 100 克鲜山药中，含蛋白质 1.8 克，碳水化合物 9.3 克，钙、磷、钾分别为 16 毫克、29 毫克、199 毫克。药用可止痛、助消化、益肺固精、滋补强壮等 [参见第六章第一节（十四）]。

（二十二）马铃薯（土豆、洋山芋）

马铃薯的块茎中含丰富的营养物质，包括淀粉、蛋白质，能产生较高的热量。又富含维生素 C 等多种维生素，还含磷、钙、钾等矿物盐类。每 100 克食用部分中，含蛋白质 2.6 克，碳水化合物 15.76 克，维生素 C 34 毫克，磷、钙、钾的含量分别为 42 毫克、21 毫克、224 毫克，尤其是硒的含量高

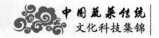
达 1.25 毫克。马铃薯有补中益气、健脾胃等药效。

（二十三）南瓜

南瓜是一种大众化的优良保健食品，它的果实中含有丰富的蛋白质、碳水化合物、维生素 A、氨基酸及多种矿物盐类。每 100 克果实中含蛋白质 1.3 克，碳水化合物 7.6 克，维生素 A 0.84 毫克（北京资料为 2.40 毫克），磷、钾及硒分别为 42 毫克、240 毫克、0.50 毫克，

南瓜及南瓜籽有药效。南瓜补中益气、健脾和胃、止咳平喘、利水解毒、驱虫之痛、降血糖。南瓜捣碎后敷于烫伤处，可消炎止痛。南瓜籽可治蛔虫、糖尿病及疝气。

（二十四）黄瓜

黄瓜是汉代张骞通西域时传入我国的，故名胡瓜。黄瓜的果实中含碳水化合物、维生素 C、精氨酸等氨基酸，以及钙、磷等矿物盐类。每 100 克黄瓜中含碳水化合物 2.0 克，维生素 C 5 毫克，磷、钙分别为 22 毫克、56 毫克。黄瓜有药效，清热、利尿、祛湿滑肠、解毒止渴、镇痛、降血压、减肥及健美等功效。

（二十五）苦瓜（锦荔枝）

苦瓜为炎夏消暑清火佳品，以嫩果或老熟果供食用，以嫩果为主，它味虽苦却有清口感。苦瓜中除含少量的蛋白质、碳水化合物以外，还含有粗纤维、维生素 C、多种氨基酸、苦瓜苷及苦瓜素。它所含类胰岛素活性物质，能在人体内激活胰腺，使之分泌胰岛素，促进糖分解，产生降血糖的作用，因此苦瓜有"植物胰岛素"之称。每 100 克苦瓜中含碳水化合物 3.2 克、维生素 C 6 毫克、钙 24 毫克、磷 11 毫克。苦瓜有和脾、补肾、清热、祛暑、明目、解毒等药效，炎夏常食，更可增进食欲、防暑消热。苦瓜适于高血压

及心血管病患者食用，但孕妇不宜食。

（二十六）大蒜（蒜）

大蒜以蒜头嫩叶及蒜苔供食用，主供蔬菜调料，也可药用。大蒜中除含蛋白质、碳水化合物以外，还含维生素 A 及磷、钙等矿物盐类。每 100 克蒜叶中含蛋白质 2.7 克，碳水化合物 2.2 克，维生素 A 2.97 毫克，钙、磷、钾分别为 44 毫克、54 毫克、137 毫克，硒 0.54 毫克。但大蒜叶和鲜茎中所含营养有差异。大蒜中有大蒜素（allicin），为挥发性硫化合物，故有强烈的辛辣味，可增进食欲，且大蒜素有抑菌或杀菌的作用。大蒜为主要的保健蔬菜之一，健脾开胃、行滞气、通五脏、达诸窍、去寒湿、暑气、解毒、消食等。

近代医药研究指出，食大蒜可降血脂，降低心血管病和冠心病的发生率，又可预防胃癌和食道癌的发生。

（二十七）韭菜（韭）

韭菜中含有较多的蛋白质、维生素 C、维生素 A 及钙、磷等矿物盐类，又含挥发性硫化丙烯，故有香辛气味。每 100 克韭菜中含蛋白质 2.2 克，碳水化合物 2.2 克，膳食纤维 1.0 克，维生素 C18 毫克，维生素 A1.42 毫克，钙、磷、铁分别为 120 毫克、37 毫克、2.5 毫克。韭菜可促进食欲、杀菌、助消化、预防便秘，它归心益胃，助肾补阳，能温中壮阳理气，解毒。韭菜的种子可治小便频数、遗尿等症。

（二十八）洋葱

洋葱的鳞茎（葱头）中含较多的碳水化合物，维生素 C，以及钙、磷、铁等矿物盐类。它含有硫醇二甲二硫化合物等挥发性液体，故具有特殊的辛辣味。每 100 克葱头中，含蛋白质 1.5 克，碳水化合物 9.6 克，维生素 C 5 毫克，钙、磷、铁分别为 100 毫克、33 毫克、2.0 毫克，硒 0.75 毫克。洋葱有清热、化痰、解毒杀菌及降低胆固醇等药效。

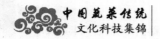
（二十九）莼菜（蓴菜）

莼菜属睡莲科莼菜属的多年生宿根水生草本植物，原产中国。我国自古食用，是中国特产水生蔬菜的珍品，以往为野生，近代人工栽培，食用部分为嫩梢或初生卷叶，有胶质，质柔味鲜美。它所含营养丰富，包括蛋白质、糖类、矿物盐和多种氨基酸，尤其是谷氨酸和亮氨酸是构成人体血液的主要组成成分。每 100 克莼菜（干样）中含维生素 C 20.8 毫克，鲜样中含磷、钙、铁分别为 721 毫克、466 毫克、7.23 毫克。莼菜有养血、促进人体生长健全的作用。它有清热、利尿、消肿解毒等药效，可治热痢黄疸、痈肿疔疮，还可预防肝脏病；也有一定的防癌作用。

（三十）水芹

我国水芹在上古食用，且为古人所重视。古代都为野生，近代进行人工栽培，但仍有野生的水芹。水芹以嫩茎及叶柄供食用，清香爽口。其中含蛋白质、膳食纤维、维生素 C 等多种维生素及游离氨基酸、芳香油等，有较多的铁、磷、钾等矿物盐类和硒。每 100 克菜中，含蛋白质 1.4 克，膳食纤维 0.9 克，维生素 C 5 毫克，铁、磷、钾分别为 6.9 毫克、32 毫克、212 毫克，又含硒高达 0.81 毫克。水芹有增进食欲、促进血液循环及健脑等作用；它性凉，又有清热、解毒、降血压等药效。

（三十一）藕（莲、荷）

藕、莲为珍贵的保健食品之一。在藕中含有丰富的淀粉、糖、膳食纤维、维生素 C 及钙、磷等矿物盐类。

每 100 克鲜藕食用部分中，含蛋白质 2.6 克，膳食纤维 1.4 克，碳水化合物 16.5 克，维生素 C 27 毫克，磷、钾、铁、钙分别为 49 毫克、137 毫克、1.8 毫克、16 毫克，硒 0.59 毫克。

藕有消瘀、清热、止血健胃等药效。莲子、莲蓬有消暑、滋养安神、固精止泻等药效。荷花及荷叶也可消暑、解毒、止血及治腹泻、胸闷等症。

（三十二）菱

菱为中国自古食用的主要水生蔬菜。菱的果实供食用，其中富含蛋白质及碳水化合物等营养物质。每 100 克鲜菱中含蛋白质 3.6 克，碳水化合物24 克，维生素 C 5 毫克，烟酸 1.9 毫克，磷 49 毫克，菱还含有麦甾四烯和 β-古甾醇。菱有滋补功效，也有一定的抗癌作用。

（三十三）笋（竹笋）

笋是高蛋白质、低脂肪、低淀粉的食物，并含有膳食纤维、矿物盐类和维生素，尤其是人体所需多种氨基酸的含量丰富。每 100 克鲜笋中含蛋白质 2.6 克，碳水化合物 1.8 克，膳食纤维 1.8 克，维生素 C 5 毫克（毛竹笋为 18 毫克），钙、磷、钾的含量分别为 9 毫克、64 毫克、389 毫克，还含硒 0.48毫克（毛竹笋）。笋的种类多，不同种类笋中的营养有差异。笋不仅口味鲜美，且有消食、防便秘、解毒、利尿、减肥等功效。

（三十四）百合

百合为优质的滋补食品，以鳞茎供食用。它所含的营养很丰富，尤其是富含蛋白质、淀粉及糖类。每 100 克百合的鳞茎中，含蛋白质 3.36 克，蔗糖 10.39 克，还原糖 3 克，淀粉 11.46 克，以及维生素 A、维生素 B_1、维生素 B_2 等，磷 91 毫克，钙 9 毫克。百合有药效（参见第七章第一节）。

（三十五）枸杞（枸杞头）

菜用枸杞以嫩茎叶供食用，上海俗称枸杞头。枸杞富含营养物质，尤其是蛋白质、碳水化合物、维生素 A、多种氨基酸及铁、磷等矿物盐。每100 克枸杞嫩叶和嫩芽中，含蛋白质 5.8 克，碳水化合物 6.0 克，维生素 A 3.96毫克，烟酸 1.7 毫克，铁、钙、磷分别为 3.4 毫克、155 毫克、67 毫克。

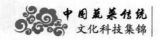

枸杞的干果称枸杞子，其中含甜菜碱（belaine）。枸杞的根皮入药，称地骨皮。枸杞（包括它的果实和根皮）为高效的滋补品和药物，可补肾益精、养肝明目、清热，适用于解肺热咳嗽、盗汗等症。

（三十六）黄花菜［萱草、金针菜（干制品）］

黄花菜古名萱草，其干制品称金针菜。以花蕾供食用，一般于干制以后供食。黄花菜为大众化保健食品之一，它含有丰富的蛋白质、碳水化合物、维生素 C、维生素 A 及钙、磷等矿物盐类。每 100 克鲜、干菜中，分别含蛋白质 2.9 克、14.1 克，碳水化合物 11.6 克、60.1 克，维生素 C 33 毫克（鲜菜），维生素 A1.17 毫克、3.44 毫克，钙 73 毫克、463 毫克，磷 69 毫克、173 毫克，铁 1.4 毫克、16.5 毫克。黄花菜有止血、萧炎、利尿、清热、安神等药效。

（三十七）香椿

香椿以嫩芽供食用，有清香，并含有多种营养物质。每 100 克香椿芽中，含蛋白质 5.7 克，碳水化合物 7.2 克，维生素 C 58 毫克，以及维生素 B_1、维生素 B_2，钙 110 毫克，磷 120 毫克，铁 3.4 毫克。香椿芽有清热、解毒、健胃理气等药效。香椿的树皮、根皮和种子都可入药，对治疗坏血病、冠心病有一定的疗效。香椿还可以提高机体免疫能力，对润泽肌肤有良好的效果。

（三十八）芦笋（石刁柏）

芦笋别名石刁柏，百合科天门冬属的多年生宿根草本植物。它以将出土（或稍出土）的嫩茎（笋）供食用，如果经过培土软化以后采收的，称为白芦笋。芦笋不仅质嫩味鲜，且含有丰富的营养物质，包括蛋白质、碳水化合物、维生素 C、维生素 A 及磷、钙等。每 100 克芦笋中含蛋白质 1.8 克，碳水化合物 2.5 克，维生素 A、维生素 C 分别为 0.73 毫克、21 毫克，钙 13 毫克，磷 47 毫克。还含有其他蔬菜少有的天冬酰胺、天冬酰胺酶等。芦笋如于白色嫩时采收的，含有 Asparagine 及 Rutin，故稍有苦味，于开水中泡后可除去苦味。

芦笋有防治高血压、冠心病等作用，且可增进食欲、助消化，更有一定的抗癌作用。芦笋为著名的保健蔬菜，尤为欧美人所爱食用，并享有世界十大名菜之誉。

第二节　蔬菜的种类与营养（维生素 C、维生素 A 及硒的含量）

在本章第一节中已列出主要蔬菜所含的营养，并简介其保健作用，以下再将多种蔬菜所含的营养（维生素 C、维生素 A 及微量元素硒）汇总比较，以探求维生素 C、维生素 A 及硒含量高的蔬菜种类。

多种蔬菜维生素 C、维生素 A 及硒的含量分别载于表 8-1 ～表 8-4。

根据表 8-1 ～表 8-4 的资料，将不同蔬菜种类别维生素 C、维生素 A 及硒含量的比较结果综述如下。

（一）不同蔬菜种类维生素 C 的含量

表 8-1 中已列出维生素 C 含量较高或高的蔬菜种类。由此可见，大多数蔬菜富含维生素 C，但其含量因蔬菜种类不同而异；在不同蔬菜类别之间，维生素 C 的含量有更大的差异。

（1）叶菜类中含有的维生素 C，白菜类和芥菜类维生素 C 的含量一般为 25 ～ 50 毫克 /100 克（注：以下维生素 C 含量的计量单位为毫克 /100 克，不再重复）。其中白菜（青菜）维生素 C 的含量比大白菜（结球白菜）稍高。在白菜类中，维生素 C 含量最高的是塌棵菜（上海）和乌塌菜（南京），其含量为大白菜的 2 ～ 3 倍。

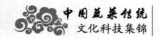

表8-1　维生素C含量较高（或高）的蔬菜（毫克/100克）

蔬菜名称	含量	蔬菜名称	含量	蔬菜名称	含量
大白菜（结球白菜）	23	甘蓝（卷心菜）	33	菠菜	36
蕹菜	28（*）	苋菜	29	芹菜（叶）	29
马兰头	11	叶用莴苣（生菜）	10		
韭菜	18	莴苣笋（叶）	15	莴苣笋（茎）	4
葱	32	芦笋	21	萝卜	23
胡萝卜	12（*）	马铃薯（土豆）	16	牛蒡	25
番茄	24	冬瓜	19	毛豆	14
豇豆	20	豌豆	12	扁豆	17
藕	27	黄花菜（鲜）	33（*）	枸杞	25
毛竹笋	18	白菜（青菜）	45	菜苔	54
塌棵菜（上海）	75	芥菜	53	乌塌菜（南京）	81（*）
金丝芥	47	雪里蕻（雪菜）	83（*）	花椰菜	43
青花菜（西兰花）	113（美国资料）	荠菜	68	芫荽	93
金花菜（草头）	102	豆瓣菜（西洋菜）	50	豌豆苗	53
草莓	68	香椿	58（*）	辣椒（尖）	48
辣椒（圆）	54	冬寒菜	58（四川资料）	落葵（紫果叶）	102（四川资料）

注:（1）表8-1～表8-4资料引自《上海地区食物成分表》上海市卫生防疫站等，1990年，并参照中国医学科学院《食物成分表》人民卫生出版社，1981年

（2）有＊记号者为引自北京的资料

表8-2　维生素A含量较高（或高）的蔬菜（毫克/100克）

蔬菜名称	含量	蔬菜名称	含量	蔬菜名称	含量
菜苔	1.11	鸡毛菜（白菜小秧）	2.36	雪里蕻	1.46
蕹菜	1.57	马兰头	1.06	芫荽	1.40
豌豆苗	1.59	蚕豆	0.46	叶用莴苣（生菜）（*）	1.42
莴苣笋（叶）	1.64	韭菜	1.42	葱	1.55
南瓜	0.89（北京：2.40）	黄花菜（鲜）	1.17	香椿	0.93（*）
塌棵菜	4.73	乌塌菜	3.50（*）	荠菜	3.41
菠菜	2.97	苋菜	3.19	小茴香	2.61（*）
金花菜	5.49	青花菜	5.24（美国资料）	大蒜（叶）	2.97
胡萝卜	3.22	牛蒡	3.96（*）	枸杞	3.96（*）
黄花菜（干）（金针菜）	3.44	落葵	4.55（四川资料）	冬寒菜	8.98（四川资料）

注：（*）为北京资料

表8-3　维生素C、维生素A含量都高的蔬菜（毫克/100克）

蔬菜名称	维生素C	维生素A	蔬菜名称	维生素C	维生素A
塌棵菜	75	4.73	菜苔	54	1.11
雪里蕻（雪菜）	83	1.46	乌塌菜	81	3.50
芥菜	68	3.41	青花菜（西兰花）	113（美国资料）	5.24（美国资料）
豌豆苗	53	1.59	金花菜（草头）	102	5.49
苋菜	29	3.19	菠菜	36	2.97
莴苣笋（叶）	15	1.64	小茴香	28	2.61
葱	32	1.55	芫荽	93	1.40
韭菜	18	1.42	枸杞	25	3.96
香椿	58、	0.93	黄花菜（鲜）	33	1.17
冬寒菜	58（四川资料）	8.98（四川资料）	落葵（紫果叶）	102（四川资料）	4.55（四川资料）

表8-4　硒含量较高（或高）的蔬菜（毫克/100克）

蔬菜名称	含量	蔬菜名称	含量	蔬菜名称	含量
白菜	0.40	大白菜	0.43	蕹菜	0.50
金丝菜	0.41	菠菜	0.75	马兰头	0.77
苋菜	0.60	芹菜	0.58	水芹	0.81
叶用莴苣（生菜）	0.70	花椰菜	0.44	马铃薯（土豆）	0.63
番茄	0.52	辣椒（尖）	0.75	葱	0.83
芋芳	0.63	茄子	0.45	冬瓜	0.45
大蒜（叶）	0.54	洋葱	0.75	藕	0.59
南瓜	0.50	豇豆	0.54	芥菜	0.93
毛竹笋	0.48	茼蒿	1.72	大蒜头	4.05
芫荽	0.88	甘蓝	0.86	菜豆（四季豆）	1.05
莴苣笋（叶）	1.39	蚕豆	1.98	豌豆	1.07
毛豆	7.35	慈姑	1.19		
山药	1.25	塌棵菜	0.50		

注：雪里蕻、青花菜、黄花菜等多种蔬菜无硒资料

（2）芥菜类维生素C的含量一般较白菜类高，为45～55毫克，其中维生素C含量最高的是雪里蕻，其含量约为一般芥菜的1倍。

（3）甘蓝类的抗维生素C含量一般为35～45毫克，其中青花菜维生素C的含量极高（但为美国资料）。

（4）绿叶菜类的种类较多，其维生素C含量一般较高（维生素C 30毫

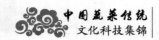

克/100 克左右)，如菠菜、苋菜、蕹菜、芹菜（叶）等。维生素 C 含量荠菜为 68 毫克/100 克、苤蓝 93 毫克/100 克、金花菜(草头)高达 102 毫克/100 克。

也有少数绿叶菜维生素 C 含量很低。例如，芹菜（叶柄）、茼蒿维生素 C 含量都为 6 毫克/100 克。

叶用莴苣（生菜）维生素 C 含量为 10 毫克/100 克，莴苣笋（叶）含量较高（15 毫克/100 克），但莴苣笋茎（笋）中维生素 C 含量仅 4 毫克/100 克。

一般认为番茄果实中维生素 C 的含量高，但是绝大多数绿叶菜类维生素 C 的含量超过番茄。

最后，应该指出，叶菜类的维生素 C 含量的高低，是和它们的叶色深浅成正比例。即叶色深的叶菜，维生素 C 的含量较高。例如，芥菜类的叶色较白菜类的叶色深，芥菜类所含的维生素 C 一般高于白菜类。在白菜类中，叶色最深的是塌棵菜和乌塌菜。芥菜类中叶色很深的是雪里蕻，这三者维生素 C 的含量都很高。绿叶菜类的叶色一般也是较深的。

果菜类中，茄果类维生素 C 的含量丰富，番茄果实维生素 C 的含量为 24 毫克/100 克。辣椒和草莓的含量更高，分别为 54 毫克/100 克、68 毫克/100 克。

瓜类果实中维生素 C 的含量一般较低，其中冬瓜维生素 C 稍高（19 毫克/100 克），但是黄瓜为 5 毫克/100 克。

豆类蔬菜的果实中，维生素 C 的含量一般较高（维生素 C 的含量 12～20 毫克/100 克），豌豆苗高达 53 毫克/100 克。

葱蒜类蔬菜维生素 C 的含量也较高，韭菜和葱维生素 C 的含量分别为 18 毫克/100 克、32 毫克/100 克，但大蒜（叶）为 6 毫克/100 克，洋葱（鳞茎）为 5 毫克/100 克。

根菜类维生素 C 的含量较多，萝卜较高（23 毫克/100 克），但胡萝卜仅 9 毫克/100 克。水生蔬菜类维生素 C 的含量一般很低，但藕及豆瓣菜（西洋菜）维生素 C 的含量较高，分别为 27 毫克/100 克、50 毫克/100 克。

有一些多年生蔬菜维生素 C 的含量高。例如，枸杞、黄花菜（鲜）、香椿维生素 C 的含量分别为 25 毫克 /100 克、33 毫克 /100 克、58 毫克 /100 克。

根据四川的资料，冬寒菜及落葵（紫果叶）维生素 C 的含量很高，维生素 C 分别为 58 毫克 /100 克、102 毫克 /100 克。

豆类的芽苗菜中维生素 C 的含量也高，尤其是绿豆芽、蚕豆芽和豌豆芽。

最后，不同类别蔬菜维生素 C 含量比较，大致如下：绿叶菜类总体维生素 C 的含量最高，其次是茄果类、芥菜类、甘蓝类、白菜类、葱蒜类、豆类、根菜类、瓜类，维生素 C 含量最低的是水生蔬菜。

应该说明，各种蔬菜所含的维生素 C 等营养物质，会因多种内外因素不同而有差异，有时差异很大。例如，同一种菜的不同品种或者同一株菜中的不同部分，所含的养分会有明显的差异。莴苣笋叶中的维生素 C 含量约为茎(笋)中含量的 4 倍,芹菜叶片中的维生素 C 的含量约为叶柄含量的 5 倍。

同一种菜，如果在不同地区栽培，它所含的营养会有差异。

（二）不同蔬菜种类维生素 A 的含量

根据表 8-2 的资料，可以指出以下几点。

（1）叶菜类的种类较多，不同叶菜维生素 A 含量的差异较大。虽然白菜类、芥菜类一般仅含少量的维生素 A，但是白菜类中的鸡毛菜（白菜的小秧）和菜苔、芥菜类中的雪里蕻维生素 A 的含量都较高，维生素 A 分别为 1.11 毫克 /100 克、2.36 毫克 /100 克、1.46 毫克 /100 克。尤其是塌棵菜和乌塌菜维生素 A 的含量极高，分别为 4.73 毫克 /100 克、3.50 毫克 /100 克，二者维生素 A 的含量已经超过胡萝卜。

在甘蓝类中，青花菜维生素 A 的含量高（但为美国资料）。

一部分绿叶菜类维生素 A 的含量较高或很高。例如，蕹菜、马兰头、芫荽、叶用莴苣(生菜)、叶恭菜、豌豆苗等，维生素 A 含量都为 1.5 毫克 /100 克左右。荠菜、苋菜和金花菜维生素 A 的含量很高，均为 3.2 毫克 /100 克左右(甚至 5.49 毫克 /100 克)，三者维生素 A 的含量已接近胡萝卜甚至显著超过胡萝卜。

葱蒜类蔬菜维生素 A 的含量较高，大蒜（叶）、韭菜及葱中维生素 A 的含量分别为 2.97 毫克 /100 克、1.42 毫克 /100 克（北京资料为 3.21 毫克 /100 克、1.55 毫克 /100 克）。

果菜类维生素 A 的含量一般很低，其中含量较高的有蚕豆（0.46 毫克 /100 克）、南瓜（0.89 毫克 /100 克）（北京资料为 2.40 毫克 /100 克）。

根菜类中，胡萝卜维生素 A 含量高（3.22 毫克 /100 克），牛蒡为 3.90 毫克 /100 克；但萝卜维生素 A 的含量低。水生蔬菜类的维生素 A 含量很低。

有一些多年生菜类维生素 A 的含量高，黄花菜（鲜）为 1.17 毫克 /100 克、黄花菜（干）3.44 毫克 /100 克、枸杞 3.96 毫克 /100 克、香椿为 0.93 毫克 /100 克、芦笋为 0.73 毫克 /100 克。

根据四川的资料，冬寒及落葵（紫果叶）维生素 A 的含量很高。

最后，根据表 8-3 的资料，维生素 C、维生素 A 含量都高的蔬菜有：白菜类如塌棵菜、乌塌菜；芥菜类如雪里蕻；甘蓝类如青花菜；葱蒜类如韭菜、葱；多年生蔬菜类如枸杞、黄花菜、香椿、冬寒菜、落葵；绿叶菜类如荠菜、菠菜、苋菜、小茴香、莴苣笋（叶）、芫荽、金花菜、豌豆苗。共计 19 种，其中绿叶菜类 8 种，占 42％。

（三）不同蔬菜种类硒的含量

微量元素硒对保护人类身体健康有重要的作用，人体如果缺硒，会引起重要器官的疾病。补充硒还可以预防老年慢性疾病的发生，所以现在国际医药界重视补硒。

蔬菜中是否含硒？哪些蔬菜种类中含硒多？这当然是大家所关心的事情。多种蔬菜中硒的含量载于表 8-4。根据表 8-4 资料，蔬菜中都含硒，大部分蔬菜种类硒的含量较高，有一部分蔬菜种类中硒的含量很高。

（1）叶菜类中普遍含较高的硒。其中白菜类硒的含量为 0.4 ～ 0.5 毫克 /100 克，芥菜类的含量约为 0.4 毫克 /100 克，甘蓝类的含量为 0.4 ～ 0.8

毫克 /100 克。

绿叶菜类硒的含量一般较高。例如，菠菜、苋菜、芹菜、马兰头、叶用莴苣 (生菜) 等，菜中硒的含量为 0.6 ～ 0.7 毫克 /100 克。有一部分绿叶菜类硒的含量很高。例如，荠菜 (0.93 毫克 /100 克)、芫荽 (0.88 毫克 /100 克)、莴苣笋 (叶) (1.93 毫克 /100 克)。果菜类中豆类硒的含量特别高。番茄和茄硒的含量为 0.4 ～ 0.5 毫克 /100 克，辣椒为 0.7 ～ 0.8 毫克 /100 克。瓜类中硒的含量差异较大，南瓜、冬瓜为 0.4 ～ 0.5 毫克 /100 克，丝瓜、西瓜为 0.2 ～ 0.3 毫克 /100 克。

豆类中硒的含量：豌豆 1.07 毫克 /100 克、菜豆 1.05 毫克 /100 克、蚕豆 1.98 毫克 /100 克，毛豆竟高达 7.35 毫克 /100 克（注：在豆类中还含有丰富的微量元素锌）。

葱蒜类蔬菜硒的含量较高，大蒜 (叶)、葱、韭菜、洋葱硒的含量为 0.5 ～ 0.8 毫克 /100 克，大蒜头中硒的含量高达 4.05 毫克 /100 克。

根菜类硒的含量低，萝卜及胡萝卜含硒 0.2 毫克 /100 克左右。薯芋类硒的含量高，其中马铃薯（土豆）及山药含硒 1.25 毫克 /100 克，芋芳为 0.63 毫克 /100 克。

水生蔬菜类中硒的含量较高的有藕 (0.59 毫克 /100 克)、水芹 (0.81 毫克 /100 克)，慈姑硒的含量高达 1.19 毫克 /100 克，但茭白和荸荠硒的含量仅 0.25 毫克 /100 克左右。

多年生蔬菜类中，竹笋硒的含量仅 0.04 毫克 /100 克，毛竹笋为 0.48 毫克 /100 克。其他多年生蔬菜 —— 黄花菜、枸杞缺硒的分析资料（注：雪里蕻、青花菜等也无硒的分析资料）。

按不同蔬菜类别比较，硒的含量最高的是豆类，其次是绿叶菜类，再次为葱蒜类、薯芋类、茄果类、白菜类、芥菜类和甘蓝类硒的含量属于中等水平。硒含量最低的是瓜类。

最后，在食用蔬菜时，我们不仅要注意蔬菜所含的营养，还应尽量利

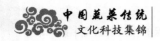
用"废叶残菜"供食。因为在它们中会含有更丰富的营养。上文中已指出，莴苣笋叶的营养含量比茎（笋）高，芹菜叶所含的营养也比叶柄高，所以不能丢弃莴苣笋叶、芹菜叶。此外，萝卜叶、萝卜皮、菠菜、葱、芹菜等根及茄的果蒂都可食用，不要当做"废菜"丢弃。

第三节　综论蔬菜的防病抗病保健作用

（一）蔬菜防病抗病保健作用概述

现在城市及工业等已十分发达，大气受污染，环境保护问题日趋严重。如何保护人体健康，免受病魔困扰，是人们十分关心的大事。社会各界已注意到，合理的膳食是确保人体健朗的重要措施之一，因此蔬菜的防病抗病保健作用，也更受到人们的重视。

关于蔬菜的防病抗病保健作用，已有一些研究。以下引用近期医药卫生部门发表的两篇短文报道如下。

短文（1）"新鲜果蔬你吃对了吗？"（文汇报 2014 年 12 月 6 日）

（注：这篇报道是复旦大学附属东医院营养科谢华副主任医师解答的问题）。原文摘录如下：

新鲜蔬菜水果对人体健康的效益、对照"中国居民的膳食宝塔"的推荐，健康成年人每天应摄入 300 ～ 500 克的蔬菜、200 ～ 400 克的水果，显然许多人果蔬的摄入量是明显不足的。新鲜蔬菜水果对健康的作用毋庸置疑，其效果也是多方面的。

世界癌症基金会（WCRF）和美国癌症研究所（AICR）认为，有充分证据表明，蔬菜水果能降低口腔、食管、胃、结肠等肿瘤患病风险。这主要是因为蔬菜水果含有各种抗氧化物质，如维生素 A、类黄酮、番茄红素等。

这些抗氧化物质不仅可预防肿瘤的发生，同时也有利于心血管疾病的预防。WHO/FAO 专家咨询委员会的专家，在《膳食营养与慢性疾病预防》报告中指出："增加蔬菜的摄入量，可在群体水平上降低心血管病的风险。对于 2 类糖尿病患者，也鼓励进食各种蔬菜水果，因为蔬菜水果特别是富含膳食纤维的蔬菜水果，属于低血糖指数的食物，对餐后血糖的影响较小。

另外，有研究者发现，蔬菜水果对于预防老年痴呆症也十分有益。同时，蔬菜水果还含有丰富的膳食纤维，因此对于体重的控制（减肥）、便秘的改善也具有肯定的作用。

（作者注：近期报载："通过适量补硒，可以维护人体重要器官的正常功能，预防老年痴呆的发生。"这条报道更证实上述关于"有研究者的发现"。）

上述已简述多吃蔬菜水果具有预防某些癌症的作用，且具有其他多方面的防病保健作用。下面再进一步探讨哪些蔬菜具有防癌抗癌的作用。

哪些蔬菜具有防癌抗癌的作用？为了说明这个问题，再引用近期报载有关短文。

短文（2）"哪些食物具有防癌抗癌作用？"

原文内容摘录如下：

（1）含维生素 C 丰富的食物。

有各种新鲜蔬菜和水果。例如，芥菜、香菜、大蒜、荠菜、花椰菜（花菜）、辣椒、胡萝卜、萝卜（原文为各类萝卜）、甘蓝（卷心菜）、白菜（注：原文为圆白菜，现改为甘蓝、白菜）、草莓、菜豆、番茄、莴苣笋、冬笋、绿豆芽，以及苹果、柑橘、山楂等水果和干果。

（2）含维生素 A 丰富的食物。

例如，菜苔、胡萝卜、辣椒、芹菜、莴苣笋叶、豌豆苗等蔬菜及甘薯，其他为猪肝、鸡肝、鸭肝等。

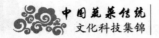

（3）含大蒜素丰富的食物。

有资料表明，含大蒜素的食物有明显的抗癌作用，主要有大蒜、葱。

（4）含微量元素丰富的食物。

这类食物能防癌抗癌，含量丰富的有大蒜、葱、芝麻，以及谷物、肉、海产品。

（5）提高免疫力的食物。

有山药、香菇、猴头菇，以及牛奶、蜂蜜、甲鱼、海参等。

（二）探求更多的防病保健蔬菜种类

上述两篇短文指出，国内外的医药部门已肯定蔬菜具有防病保健作用，并且明确指出哪些蔬菜种类具有防癌抗癌的作用。

上文中所列举的防癌抗癌蔬菜种类，和本书上述已筛选出的营养价值高的蔬菜种类（表 8-1 ～表 8-4 中的一部分）基本相符合。

但是，中国的蔬菜种类很多，上文已提出的防癌抗癌保健蔬菜不过 20 种。医药卫生部门还未能提出其他更多防癌抗癌保健蔬菜种类。

鉴于目前人们所摄入的蔬菜数量还明显不足，又需食用多样化的蔬菜，为了能在不同季节采收供食用，有必要探求更多的防病保健蔬菜种类。因此，作者参照医药卫生部门指出的抗癌保健蔬菜营养指标，从上述已筛选出的营养价值高的蔬菜种类中，"按图索骥"，探求提出其他防病（以防癌抗癌为中心）保健蔬菜种类，供作人们日常保健急需的参考〔注：医药卫生部门已提出的防癌抗癌保健的蔬菜种类为白菜、菜苔、芥菜、甘蓝（卷心菜）、花椰菜（花菜）、荠菜、芫荽（香菜）、莴苣笋、芹菜、豌豆苗、番茄、辣椒、草莓、菜豆、大蒜、葱、胡萝卜、萝卜、冬笋、绿豆芽〕。

1. 方案一

按照医药卫生部门已提出的"营养指标"选择。

（1）含维生素 C 丰富的蔬菜种类。

除上述医药卫生部门已提出的防病保健蔬菜以外，特别推荐塌棵菜（上海）、乌塌菜（南京）、雪里蕻、青花菜（西兰花）、金花菜（草头）、香椿、落葵（紫果叶），其次为黄花菜（鲜）、枸杞、豆瓣菜（西洋菜）。

（2）含维生素 A 丰富的蔬菜种类。

提出塌棵菜△、乌塌菜△、菠菜、金花菜△、苋菜、青花菜、小茴香、牛蒡△、枸杞△、黄花菜（干）、落葵（紫果叶）、冬寒菜。

（注：菜名上有△记号者，其维生素 A 的含量超过胡萝卜。）

（3）含大蒜素丰富的蔬菜。

除大蒜、葱以外，还有韭菜。

（4）含微量元素丰富的蔬菜。

（本节中微量元素以硒为代表）蔬菜中一般含有丰富的硒，尤其是豆类和绿叶菜类。包括甘蓝、芥菜、茼蒿、莴苣笋（叶）、芫荽、大蒜、葱、豆类（菜豆、蚕豆、豌豆）、山药、慈姑，尤其是毛豆。

（5）提高免疫力的蔬菜。

上述医药卫生部门已提出的、能提高免疫力的蔬菜种类只有山药。其他能提高免疫力的蔬菜种类当然还有，待今后研究确定。但是作者认为目前可以初步提出的、能提高免疫力的其他蔬菜种类有莼菜、菱、芦笋、香椿。因为已经有资料指出，莼菜、菱、芦笋具有一定的抗癌作用，且指出香椿具有较高的免疫力。

总之按照方案一，提出其他防病保健蔬菜种类，有塌棵菜、乌塌菜、雪里蕻、青花菜、苋菜、茼蒿、金花菜、菠菜、小茴香、韭菜、毛豆、菱、莼菜、黄花菜、枸杞、香椿、芦笋、落葵（紫果叶）。

2. 方案二

按照蔬菜的色泽、香辛气及蔬菜类别选择。

上述防病保健蔬菜的确定，必须据医药卫生部门详细的检测数据等，

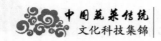
是一般人难以做到的。作者在整理上述蔬菜营养含量的资料时，发现营养含量的多少与蔬菜的叶色甚至香辛气有关，并且同一类蔬菜，不但其形态习性相似，而且它们所含的营养物质种类及其含量的多少也颇相似。因此作者建议以叶色、香辛气及蔬菜的种类，作为提出防病保健蔬菜种类的依据。

（1）选择叶色（或其他食用部分的颜色）深的蔬菜种类。

叶菜类如在白菜类中，白菜（青菜）的叶色较大白菜（结球白菜）深，青菜的营养含量较大白菜丰富。在白菜（青菜）类中，叶色最深的是塌棵菜和乌塌菜。

芥菜类的叶色一般比白菜类深，芥菜类的营养含量一般比白菜类稍高。在芥菜类中，叶色更深的是雪里蕻。甘蓝类中，青花菜的花球颜色较深。

绿叶菜类的叶色一般较深。例如，荠菜、苋菜、蕹菜、金花菜、菠菜、莴苣笋（叶）[注：市场上出售的油麦菜和莴苣笋（叶）为同一类菜]、豌豆苗等。落葵（紫果叶）的叶色深且肥厚。

果菜类中，辣椒、草莓、番茄、毛豆、南瓜等果实的颜色较深。

葱蒜类如大蒜、葱、韭菜的叶色深。

根菜类中根颜色深的有胡萝卜、青萝卜。

多年生蔬菜类的一般叶色较深，如枸杞、香椿。

（2）选择香辛气浓的蔬菜种类。

除大蒜、葱以外，有韭菜、小茴香。[注：事实上，塌棵菜、雪里蕻、青花菜、金花菜、荠菜、莴苣笋（叶）都有清香气。]

（3）按照蔬菜的类别选择。

例如，硒含量高的蔬菜种类有以下几类。

豆类有豌豆、蚕豆、菜豆，尤其是毛豆。

薯芋类有马铃薯、山药。

水生蔬菜有慈姑、藕、水芹、菱、莼菜。（注：后两者缺硒的分析资料。）

多年生蔬菜有黄花菜、枸杞。

　　总之，按照方案二，提出的下述其他的防病保健蔬菜种类有塌棵菜、乌塌菜、雪里蕻、青花菜（西兰花）、菠菜、茼蒿、苋菜、金花菜、蕹菜、韭菜、小茴香、毛豆、藕、菱、莼菜、枸杞、黄花菜（金针菜）、香椿、落葵（紫果叶）。

　　以上初步提出的其他防病抗癌保健蔬菜种类仅供参考，他们的防病抗病作用当然尚待医药卫生部门研究确定，但是仅从保健的角度来看，上述蔬菜种类也是很重要的，可以认为是超级的保健蔬菜，具有防癌、抗癌和预防其他疾病的潜力。

　　最后，我们应该记住下述忠告，按照《中国膳食指南》的建议，在多吃蔬菜时，要注意深色蔬菜占一半。这是医药卫生部门从防病保健的观点出发，对人们提出的重要建议。

　　此外，目前市场上出售的蔬菜新品种、新种类，真是五花八门、日新月异。但是它们的营养价值究竟如何呢？这是人们十分关心的，可是这些问题目前也难解答。如果可以说，颜色深的蔬菜种类其营养含量一般较高的话，那么人们当前选购蔬菜新品种时，应该选择颜色较深的新品种。所以上述作者提出的"方案"，也可以作为目前选购蔬菜商品新品种的参考。

　　同时，选育种部门也可以深色为目标，用以选育营养含量高的蔬菜新品种。

　　注：上述"短文2"中指出的"防癌抗癌蔬菜种类"，未注明不同蔬菜的防癌抗癌效益。事实上，这些蔬菜间的防癌抗癌效益差异是很大的。作者根据上述"方案一、方案二"的方式推测，认为荠菜、芫荽等的防癌抗癌保健效益很高，草莓、辣椒等，其次萝卜、芹菜、竹笋等的效益很低。

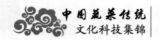
结 束 语

大家都该明白，身体健康才会有个人和家庭的幸福，要圆"中国梦"，甘挑报国重担，更需要精力充沛、体格健壮。

现代我国正在奔向全面小康的时期，生活条件逐步改善，但也可能由此带来任意享受，大享"口福"，使慢性病等常发。在这种情况下，尤其要注意预防"病从口入"，才能确保身体健康。

所以再一次强调，应该有健康的生活方式，增强自身的免疫力，远离病魔困扰，这是能够健康的基础。

在健康的生活方式中，合理的膳食是十分重要的，应该记住"油肉重荤人灾难，多吃蔬菜报平安。"古谚语的忠告。

中国的蔬菜种类很多，其中有一些蔬菜是我国的特产，外国还没有，或者外国还不知道它们可以食用。这些丰富的蔬菜资源，是我们祖先的恩赐之物。中国的蔬菜自古重视"菜、药兼效"，它们不仅口味鲜美，更具有多种多样的防病保健作用，对人们健康来说，是一宗宝藏，更是中国人非常珍贵的保健资源。我们应该重视它们，并尽力去挖掘与利用。

强调多吃新鲜蔬菜，要选育有利于保健防病的蔬菜种类有叶菜类、绿叶菜类、深色的蔬菜、香辛菜类等。要注意膳食平衡，适当摄食肉类和鱼类等，多吃些香菇、黑木耳等食用菌。必须饮食适量，切记暴饮暴食。

保健之道首先应预防，要"未雨绸缪"，又要"严于律己"，善于保健，才可远离病魔困扰，保持健康、延年益寿。

请牢记这句话："健康的生活方式、合理的膳食、多吃蔬菜报平安。"

清代饮食专著《中馈录》中有一句名言："蔬笋自饶风味，佐颐养以清供。"（大意是蔬菜和竹笋不仅有它们独特的风味，又有益于养生、保健、延年益寿。）这句话可说是古人关于保健之道的"金玉良言"吧！

在现代的环境中，蔬菜不仅是佐餐、一般的营养，它们已显示防病保健的重要功能。

如果人们能认真重视蔬菜的营养和保健作用，则将非常有益于健康。

有关目前蔬菜商品问题的解答

以下是上述"新鲜果蔬你吃对了吗？"文中有关问题解答，原文录如下所述。

问题一、蔬菜产品上的农药残留对人体健康有哪些影响？

（原文）答：现代农业生产的蔬菜，没有一点农药残留，那几乎是不可能的。农药残留无论在国内还是国外都是一样，只要农药残留不超过国家标准，我们也不要过分的纠结了。

目前我国蔬菜生产中，已经禁用有机氯等毒性大的农药。现在使用的农药毒性都较小，并可以快速降解，多数在人体内并不会蓄积。所以如果担心农药残留问题，而减少甚至不食蔬菜，那真的是因噎废食了。当然，在处理蔬菜时，我们应该先用流水冲洗，然后浸泡 15 分钟，以去除蔬菜表面残留的农药，但是浸泡蔬菜的时间也不要过长。

作者注：

（1）蔬菜病虫害的发生与气候密切相关，一般高温季节蔬菜病虫害发

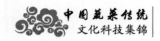

生最烈。这时期蔬菜上喷施农药的次数也多，但是低温季节，病虫害较少，因此很少喷施农药，甚至不施。

（2）病虫害的发生与蔬菜的种类有关，有一些蔬菜的病虫害少。例如，葱、蒜、苋菜、蕹菜、胡萝卜等。有一些蔬菜如白菜、甘蓝（卷心菜）等，容易发生虫害，有时还易发生病害。

（3）蔬菜病虫害发生的严重程度，因蔬菜生产的地区而不同，在多年连续种菜的"老菜区"生产的蔬菜容易发生病虫害，但在粮菜轮作地区（或粮食产区）生产的蔬菜病虫害一般较少。

（4）农药是喷施在蔬菜的叶上，但是有不少蔬菜的食用部分是地下部分的根或茎等。例如，萝卜、马铃薯（土豆）。所以农药残留问题的严重性依蔬菜的种类而不同，农药残留问题最严重的一般是叶菜类，其次是果菜类。

总之，在高温季节，特别是对叶菜类（白菜、甘蓝类等）特别要严防农药残留。

问题二、现在流行的有机蔬菜对健康真的有帮助吗？

（原文）答：随着大众对健康食品的关注，有机蔬菜也越来越成为追捧的对象，商家更是以此为契机，大打有机蔬菜的名号。有机蔬菜在蔬菜生产过程中，不允许使用任何化学合成的农药化肥、基因工程生物及其产物，按照蔬菜生长的自然规律和要求进行种植。产品在进行有机食品认证机构鉴定认证后，颁发有机食品证书。从保护环境的角度来看，有机蔬菜有利于环境保护。也有研究表明，有机蔬菜的某些植物化学物，如黄酮含量更高于普通蔬菜。但对健康的效益来看，目前尚无证据表明有机蔬菜健康价值要高于普通蔬菜。如果只盯住有机蔬菜而忽略了平衡膳食，对于健康反而没有好处。

问题三、转基因的果蔬对健康是否有影响？

（原文）答：现在转基因这三个字，在百姓看来差不多就等同于"毒药"，其实大可不必如此。目前在我国蔬菜水果中的转基因食物只有木瓜，而市场上看见的圣女果、小黄瓜、紫薯、大草莓、紫玉米、彩椒等都不是转基因产品。

可能有人会问这些食物奇形怪状的，怎么不是转基因呢？转基因产品是将其它生物的基因转移到蔬菜水果中来。如果是各种番茄品种之间的杂交，或者用各种方法促进番茄发生变异，都不是转基因。就目前证据来看，说转基因食品对健康的危害是没有证据的，但如果你还是由此担忧的话，那你选择不吃木瓜就是了，其他的蔬菜水果则完全不必担心转基因问题。

作者注：

世界各地的蔬菜水果的种类和品种很多，奇形怪状的蔬菜并不稀奇。古代就有，现在随着科技和商品市场的发展，奇形怪状的蔬菜水果当然更多了。

在我国古代的芥菜中，已经有紫色的芥菜。例如，《本草图经》载："芥处处而有之……有青芥……芥叶纯紫色可喜。"宋代苏轼《粗物粗载》记述那时已有紫色的莴苣笋了。

现在紫色的叶菜类更多了，如紫菜苔、紫色的甘蓝（卷心菜）等。

关于蔬菜中的"微型蔬菜"我国古代也有，查到现在还有一些著名的微型蔬菜，如锦州"乳黄瓜"、云南的小米辣椒。近代上海松江县还有微型茄子——兰花小茄（俗称，"捏落苏"）。

从科学技术的角度来说，应用转基因育成蔬果新品种所需时间较久，难度较大。而现代的许多奇形怪状的蔬菜新品种是应用其他育种方法诱变育成的。

最后，有一点应指出，颜色深的蔬菜一般说营养含量较丰富。

后　记

　　第一，为什么要进行这项研究？

　　退休以后，笔者潜心学习古诗与古文，也常阅报。曾先后看到报纸连载《诗经》及王维《清溪》等五首唐诗咏荇菜。笔者才恍然大悟，荇菜是唐朝主要的水生蔬菜，也是中国重要的水生蔬菜种质资源。那么荇菜究竟是怎样一种菜？为什么现在没有听到人们谈到它？它在中国历代生产的情况如何？为了解决这些疑问，笔者去查阅资料。但是在当代一些权威园艺蔬菜书籍中，都未能查到关于荇菜的内容。仅在《辞海》条目中简述荇菜的形态等。这使笔者明白，在现代蔬菜园艺中，荇菜是一个空白。既然荇菜是"诗经植物"，又是重要的蔬菜种质资源，还让它成为空白，实在令人不安。作者是长期从事蔬菜研究的科技工作者，有责任去研究荇菜，找出有关荇菜的历史资料。

　　笔者在以往工作与学习生涯中，历来是见难而上，解决了不少难题。要找有关荇菜的资料，只有从很多古籍中去找，必须先弄清楚古籍中古菜名、菜名释义、有关蔬菜的来历用途等。后来又因为要找关于"莼鲈之思"的资料，越找越多。终于找到一些需要的资料，这也使笔者开始认识到，中国蔬菜传统文化内涵很深奥，传统科技也很精彩，可惜如此丰富和优秀的传统文化科技，缺乏人去挖掘和整理。

一个民族应该有它自己的文化，中华民族有古老优秀的传统文化。笔者也得以在中华民族优秀文化的哺育下，在诸先辈的启蒙下，茁壮成长，为祖国园艺事业奉献一生。

现在中国兴旺发达，作者虽已是"日薄西山"、垂暮老叟，但新时代的晚霞应更绚丽。为了发掘中国蔬菜传统文化科技的宝藏，作者仍决定进行中国蔬菜传统文化科技精品的研究。

第二，怎样进行这项研究？

一、目标

本项研究总的目标是"深挖"、"攀上"、"揭开"。尽可能"深挖"中国蔬菜文化与科技的精华，在蔬菜文化和科技的领域中，"攀上"一些高峰，"揭开"一些科技中的疑团。

二、方法与步骤

（一）确定各部分的研究项目

（1）确定研究项目，既要根据需要，也要考虑研究条件的可能性（本研究中主要资料的收集）。

（2）本研究为大型综合研究，开始正规研究以前应该先确定各部分的研究项目，做到有的放矢，使研究工作取得顺利的开端。

（3）本研究开始时，没有明确的研究目标，更无指定的研究范围，只是从古诗中发现一些疑点（如荇菜）需要研究。以后各部分研究项目确定的

过程，一般是根据科技项目的相互联系，逐步延伸，扩大研究范围。例如，从研究荇菜扩大到研究水生蔬菜种质资源等。

（4）收集到有价值的资料后，扩大了思路，因此又进一步提出新的研究项目。

（二）广泛收集资料

（1）开展本研究更应该广泛收集资料，尤其是内容精彩丰富的资料，是研究工作取得进展的重要基础。

（2）要善于鉴别已收集到的资料，培养鉴别资料与发掘资料的能力。

（3）收集资料当然需要现代化设备，但是作者年迈，收集资料只能因陋就简。一般从原有的资料中发现信息，再依此进一步收集新的资料，也应该注意从偶然得到的信息中去进一步收集资料。

（4）手头必备一套相关的经典著作和权威学术资料，不仅供作详细阅读，也用于经常翻阅、查考校核等。

（5）对所收集到的资料应该分门别类地加以整理。开展正规研究之前，应该先认真阅读参考资料，以奠定研究工作的基础。

（三）逐步开展研究

（1）笔者认为，本项研究所采用的重要研究方法是"阅览"加"深思"，以达到"升华"。也可以说是"切磋琢磨"或者是"去粗取精、去伪存真、由此及彼、由表及里"，下苦功夫去研究。

（2）对经典著作或珍贵的资料，要"攻读、苦读、精读"。

（3）研究的重要方法是阅读，但浏览不等于阅读，信息不等于学识。

（4）阅读或阅览既要广泛，更要深入，以拓宽思路，当然也可以通过浏览信息以扩大思路。拓宽思路是深入研究的基础。

（5）一些古诗中会蕴藏着蔬菜科技因素，要尽量设法发掘出这些因素，以了解古代蔬菜的科技知识。例如，上文所述范成大的诗句："拨雪挑来塌地菘，味如蜜藕更肥浓。"可以从这两句诗中发掘出宋朝大白菜的生产技术，包括品种特性、采收季节、采收方法等。

（6）要善于发现和抓住资料（或思维中）的"苗头"，抓住了"苗头"以后，紧追不放，可使研究工作逐步深入开展。

（7）必须攻克阻碍研究的难关，也应该抓住思维中偶然出现的灵感启示（注：笔者在长期科技工作中有此经验）。

（四）抓住重点，深入研究、兼顾大局

（1）本研究范围广，开始时研究目标又未能明确，所以首先遇到的困难是无从下手。既要综述中国蔬菜传统文化科技的精华，又要详述其中细节，经过反复思考，终于采取"抓住重点、深入研究、兼顾大局"的策略，解开了初期所遇到的症结，得以循序渐进地开展研究。

（2）本研究包括"空间"和"时间"两大系统。科技研究的"空间"，重点是蔬菜种质资源和蔬菜的营养与保健。文化研究"空间"的重点是文化史、古诗咏蔬菜。对于非重点部分的内容尽量简略。

（3）由于抓住重点，对已消失的"诗经植物"荇菜进行了较全面的研究，明确了它在我国蔬菜生产历史上的兴衰等，又揭开了众所鲜知的"诸葛菜"的详情，且进一步提出了关于莴苣、西瓜引进中国历史新的论证等。

（4）在"时间"研究系统中，以研究传统为主，但又强调"古今结合，古为今用"。因此初步整理中国蔬菜文化发展过程，发掘出一些中国蔬菜传统文化科技的精华。

（5）本研究指出，古诗咏蔬菜不仅是"游目骋怀"或抒发诗人的感怀，更具有教育当代以及后人的意义。例如，古诗咏荠菜、咏扁豆，都教育人们振作精神，克服困难。

（6）在"时间"系统中，科技研究的结果表明，历代中国人重视蔬菜的食用，且注意到菜药兼用，因此形成了中国蔬菜特有的食用价值。最后结

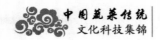

合现代对中国蔬菜营养成分的分析研究结果，指出中国传统蔬菜营养丰富，今后如果加以重视及扩大其利用，它们将会在人们的保健与防病方面发挥重要的作用。

上述几点都为本研究中古为今用的举例，尤其是最后一例，可以说是本项蔬菜食用价值研究中最重要的收获。

第三，体会与感言

一、体会

本研究的工作量很大，要求也高，作者学识肤浅，已写成的仅是本研究的第一步。其目的是抛砖引玉，希望后继者为本研究做出更大的贡献。本书内容难免存在不妥之处，希望读者予以指正。

两位笔者都是耄耋老人，能够完成本书，并不容易，完成本书以后略有体会，记下供后人参考。

（一）意志要坚强

写成此册当然很辛苦，但两位笔者始终是"老骥伏枥，志在千里；烈士暮年，壮心不已"。年迈不减报国之志，弘扬中国蔬菜传统文化科技，义不容辞。因此，终于能克服种种困难，写成这本书。搞科学研究必须有闯劲，知难而上，能够攻坚克难。老年人可以闯，年轻人更应该有闯劲。要体现创造力，启发新思路，汇聚新知识。

（二）基础要广且深

进行本研究既需要坚实的古诗与古文基础，也需要广泛深入的相关科技知识。王化在进行这项研究的过程中，可以说是把四十年从事科技工作的力量——"田头打硬仗、笔尖下苦工"都使用出来，培华老师也发挥了精通古诗文的特长。知识和才能是在实干、苦干中逐步增长的，随着研究工作的深入开展，研究人员的学识也会逐步增长，所以应该发挥边干边学的作用。

（三）思维要敏捷

要善于思考，具有果断的判断能力，能从复杂的事务中提取其精华。善于发现科技中的"苗头"，又能抓住"苗头"后紧追不放。

（四）心要细

对待科研工作的态度应该认真严肃，编写成书时，内容和文字等方面都要从严，逐字逐句地校对，反复修改。

二、感言

本册写成以后，两位笔者感觉身体健康如常，精神则更加振作，真是不容易。在全过程中，始终是量力而行，劳逸结合，所以写成书以后并未影响身体健康。

此外也要指出，老年人保健的重要因素是心理状态。本项研究工作量虽大、内容很多，但是作者对弘扬中国蔬菜传统文化科技有高度的责任感，且更欣赏其内容琳琅满目，博大精深。真有"仰观宇宙之大，俯察品类之盛……信可乐也"之感。所以研究工作虽然繁重，心境却始终轻松。

此外，本研究也解开了一些科技的疑团，这是科技工作者最大的乐趣。

总之，写成这本书是老有所为、老有所乐。乐而忘忧，不知老之已至矣。这是写书的体会，也是一些老年人养生之道的体会吧！

始终牢记曾国藩的名言："精神越用则越出，阳气越用则越明"。这句名言仍旧鼓舞着作者迈向"老当益壮"。

最后，也应该牢记古训"有志者事竟成"。